KB273559

관엽식물,
더 이상 시들지 않아!

관엽식물, 더 이상 시들지 않아!

다니오쿠 토시오 지음

박유미 옮김

SE SHOEISHA　시그마북수 Sigma Books

관엽식물, 더 이상 시들지 않아!

발행일 2026년 2월 2일 초판 1쇄 발행
지은이 다니오쿠 토시오
옮긴이 박유미
발행인 강학경
발행처 시그마북수
마케팅 정제용
에디터 최연정, 최윤정, 양수진
디자인 김문배, 강경희, 정민애

등록번호 제10-965호
주소 서울특별시 영등포구 양평로 22길 21 선유도코오롱디지털타워 A402호
전자우편 sigmabooks@spress.co.kr
홈페이지 http://www.sigmabooks.co.kr
전화 (02) 2062-5288~9
팩시밀리 (02) 323-4197
ISBN 979-11-6862-447-4 (13520)

아트디렉션 후지타 코헤이(Barber)
디자인 후루카와 유이
촬영 코무라 하루나
제작 및 작성 토모나리 쿄코(모리모사)

もう枯らさない！ 観葉植物の育て方

(MoKarasanai! Kanyoshokubutsu no Sodatekata:8551-4)

© 2025 cotoha tanioku toshio

Original Japanese edition published by SHOEISHA Co., Ltd.

Korean translation rights arranged with SHOEISHA Co., Ltd. through Shinwon Agency Co., Ltd.

Korean translation copyright © 2026 SIGMA BOOKS

독자 여러분, 반갑습니다!

저는 교토에서 관엽식물점 'cotoha(코토하)'를 운영하는 다니오쿠 토시오입니다. 본가의 꽃집에서 25년간 쌓은 경험을 바탕으로, 12년 전에 관엽식물 전문점으로 이 매장을 열었습니다.

창업 초기에는 관엽식물 판매에만 집중하다 보니, 고객이 식물을 구입한 후 '어떻게 키워야 하는지'에 대해서 미처 생각하지 못했습니다. 그런데 고객이 늘어나면서 '시들어 버렸다'는 불만이 자주 들려왔습니다.

판매자로서 책임감을 통감하며, '식물을 시들게 하는 고객을 절반으로 줄이자'라는 생각 하나로 집과 매장에서 다양한 실험을 반복하며 '시들지 않게 키우는' 방법을 축적해왔습니다. 또 매장에서는 판매부터 사후 관리에 이르기까지 서비스를 제공하며, 같은 업종의 동료들에게 관엽식물 관리법을 교육하기도 했습니다.

관엽식물을 '시들지 않게 키우기' 위해 조언할 때, 특히 강조하는 점은 '물 주기'와 '밝기'입니다. 식물에 꼭 필요한 이 두 가지를 가능한 한 구체적인 수치와 이해하기 쉬운 말로 설명하려고 노력했습니다. '밝은 장소에' 두고 '물을 듬뿍' 주라는 막연한 조언은 사람마다 감각이 다르고 받아들이는 방식도 제각각 다르기 때문입니다. 기준을 명확히 하고,

구체적인 수치와 이해하기 쉬운 말로 설명하면, 식물이 시드는 확률을 크게 줄일 수 있습니다.

식물이 시들어 버리는 데는 반드시 그 '원인'이 있습니다. 이 책은 여러분이 상식이라고 생각했던 식물을 키우는 방법 중 무엇이 틀렸고 무엇이 맞는지를 제 나름의 판단 기준과 이론을 바탕으로 알기 쉽게 설명합니다.

시들지 않게 키우는 방법이 담긴 이 책을 통해, '나도 식물을 키울 수 있겠다'는 자신감을 얻을 수 있기를 바랍니다.

cotoha 다니오쿠 토시오

시들지 않게 키우기 위한
물의 양, 밝기 등이
얼마나 필요한지
적절한 양에 대한

구체적인 수치와
기준을 알려드리겠습니다.

이 기준만
지켜도

식물은
쑥쑥
건강하게 자랍니다!

차례

이 책의 사용법

이 책에서는 관엽식물 키우기에 대한 기본 노하우와 '시들지 않게 키우는' 요령을 이론과 아이디어로 나누어서 소개합니다.

PART 01에서는 '시들지 않게' 키우기 위한 돌보기의 기본 자세를 소개합니다. PART 02에서는 식물을 구입해서 집으로 들여오는 과정을 다루고, PART 03~04에서는 시들지 않게 키우기 위한 기본 관리와 오래 건강하게 키울 수 있는 포인트를 이론을 통해 해설합니다. 마지막으로 PART 05에서는 관엽식물을 활용한 인테리어의 실제 사례와 아이디어를 소개합니다.

PART 02 - 04

PART 02에서는 어떤 관엽식물을 선택하면 좋은지, 구입할 때의 요령과 집에 들여온 직후의 관리 포인트에 대해 해설합니다. PART 03에서는 '시들지 않게 키우기' 위한 기본적인 관리 방법을, PART 04에서는 시들지 않고 오래 키우기 위한 돌봄에 관한 지식을 소개하며, 이 모든 내용을 총 25개의 이론으로 정리했습니다.

PART 05

마지막 PART 05에서는 PART 01~04의 이론을 바탕으로 관엽식물을 활용한 생활 공간의 실제 사례를 소개합니다. 녹색으로 가득한 인테리어와 식물과 어우러진 생활 공간의 이미지를 참고해보세요.

동영상도 체크!

이 책에서는 동영상으로 보면 더 깊이 이해할 수 있는 이론을, QR 코드로 제공해드립니다. 동영상 해설도 함께 봐 주세요.

누구나 시들지 않게 키울 수 있다!

관엽식물을 시들게 했던 경험 때문에,
'나는 식물을 키우는 데 서툰 것 같아'라고
생각하는 분들이 많습니다.
하지만 식물이 시드는 원인과 올바르게 키우는 방법은
알고 보면 의외로 단순합니다.
몇 가지 포인트만 제대로 파악하면
누구나 '시들지 않게' 키울 수 있습니다.
'나한테는 너무 어려운 일이야'라며 포기하지 말고
이 책을 통해 자신감을 얻으시길 바랍니다.

관엽식물이란?

대만고무나무와 파키라는 관엽식물로 인기가 높지만, 일본 오키나와의 거리에서는 가로수로 자라며 본래의 크기와 멋지게 성장한 모습을 온전히 드러냅니다. 바로 이것이 자연 속에서 볼 수 있는 식물의 진짜 모습입니다.

그러면 매장에서 판매되는 대만고무나무와 파키라는 어떤 점이 다를까요?

가로수와 관엽식물은 같은 종류이지만 '성장 방식'에 결정적인 차이가 있습니다.

관엽식물이란 원래 야외에서 자라는 식물을 비닐하우스에서 햇빛을 차단하고 키워서 실내의 약한 빛으로도 살아갈 수 있도록 적응시킨 식물을 말합니다. 관엽식물(=인도어 그린)이라는 표현은 약 40년 전에 일본에서 녹색 산업이 발전하면서 생겨난 용어로, 이전에는 사용되지 않았던 말입니다.

관엽식물이란 실내에서 감상하기 위해 사람이 계획적으로 재배한 식물을 말합니다.

야외에서 자라는 식물에 비하면 관엽식물은 훨씬 더 세심한 관리 하에 자라며, 어떤 의미에서는 마치 '응석받이'처럼 길러졌다고 할 수 있습니다. 그래서 가로수는 강한 햇빛에도 끄떡없이 잘 견디지만, 실내 환경에 길들여진 관엽식물은 잠시라도 직사광선에 노출되면 잎이 타 버릴 수 있습니다.

"관엽식물은 실내에서 감상할 목적으로 특별히 재배된 식물이다."

이 말은 식물을 관리할 때 가장 기본이 되는 개념이므로 먼저 잘 기억해두었으면 합니다.

식물도 하나의 생명체, 반려동물처럼 여기며 돌보자

관엽식물은 그저 놓여 있기만 해도 인테리어를 한층 멋지게 만들어 줍니다. 그래서 많은 사람들이 관엽식물을 인테리어의 한 요소로 여기며 실내에 두고 싶어 합니다.

하지만 단지 장식용 소품으로 놓아둔 채, 제대로 돌보지 않는 경우가 많아 안타깝습니다. 이는 관엽식물을 생명체가 아니라 단지 인테리어 소품, 말하자면 '물건'으로 여기기 때문입니다.

관엽식물은 당연히 '물건'이 아니라 '살아있는' 생명체입니다. 따라서 꾸준한 돌봄이 반드시 필요하며, 돌봄을 받지 못하면 생존하기 어렵습니다.

쉽게 비유하면, 개나 고양이처럼 꾸준한 돌봄이 필요한 반려동물과 같은 존재입니다.

반려동물에게 매일 먹이를 주고 말을 걸어 주며 부드럽게 털을 쓰다듬어 주듯, 관엽식물에게도 아침에 일어나면 분무기로 잎에 물을 뿌려 주고, 잎 표면에 묻은 먼지를 정성스럽게 닦아 주어야 합니다.

예전에 '식물이 시들었다'는 이야기를 들어 보면, 식물을 단순한 '물건'으로 여겨 제대로 돌보지 않아 실패한 경우가 많았습니다. 따라서 시들지 않고 잘 키우려면 '관엽식물은 생명체다'라는 사실을 분명히 인식하고 구입하는 것이 무엇보다 중요합니다.

그리고 매일 잠시 시간을 내어 정성껏 돌봐야 합니다. 반려동물을 대하듯 세심하게 살피면 관엽식물의 작은 변화를 금세 알아차릴 수 있어, 시드는 일도 자연스럽게 줄어듭니다.

당신을 대신해 식물이 시들고 있다

스스로 움직일 수 없는 관엽식물에게는 놓이는 장소의 환경이 상당히 중요합니다.

뒤에 나오는 PART 02에서 자세히 설명하겠지만, 관엽식물이 건강하게 자라기 위해 꼭

필요한 것은 물, 빛, 바람, 3가지 요소입니다. 그중 바람은 신선한 공기를 실내로 들여와

공기가 정체되지 않도록 하는 데 중요한 역할을 합니다.

말하자면 '바람의 흐름을 고려하지 않아 환기가 잘되지 않는 방'에서는 공기가 쉽게 정

체됩니다. 이런 환경에 놓이면 관엽식물은 날이 갈수록 활력을 잃고 병해충에 취약해져

수명이 짧아질 수밖에 없습니다.

또한 이런 환경은 사람의 건강에도 좋지 않습니다. 나쁜 환경에서는 관엽식물이 사람을

대신해 병들어 가기도 합니다. 이는 식물이 스스로를 희생하며 보내는 일종의 경고일

수도 있습니다. 혹시 그런 신호를 느껴 본 적이 있으신가요?

관엽식물이 건강하게 자라고 있는지를 통해, 그 공간에 사는 사람의 환경이 건강한지

판단할 수 있습니다. 식물이든 사람이든 좋은 공기 속에서 살아갈 때 쾌적함을 느낄 수

있습니다. 식물이 시들지 않는 환경을 만들면, 사람에게도 건강한 실내 환경이 조성됩

니다. 자, 함께 건강한 공간을 만들어 볼까요?

과거에 시들었던 원인을 알면 문제가 해결된다!

제가 자체 조사한 결과, 식물을 처음 구매하는 고객을 제외하면 과거에 관엽식물을 시들게 한 경험이 있는 사람이 96%에 달하는 것으로 확인되었습니다.

그만큼 관엽식물을 제대로 돌보지 못하는 사람들이 많다는 뜻입니다.

하지만 관엽식물이 시들게 된 원인을 잘 모르는 경우가 대부분입니다.

나쁜 환경이나 잘못된 방법으로 돌보다가 시들게 한 후, 그 원인을 알지 못한 채 다시 새로운 식물을 들여와 같은 실수를 반복하는 악순환에 빠지는 사람들이 많습니다.

일본의 경우 사계절이 뚜렷해 계절에 따라 온도와 습도가 크게 달라집니다. 또 일본 열도는 남북으로 길게 뻗어 있어, 최북단인 홋카이도와 최남단인 오키나와는 상당히 다른 자연 환경을 가지고 있습니다. 인터넷에서는 "물 주기는 일주일에 한 번 정도"라고 조언하는 경우가 많은데, 실제로 이를 전국 모든 지역에 일률적으로 적용하기는 어렵습니다. '물을 듬뿍 준다', '밝은 곳에 둔다' 같은 구체적이지 않은 표현은 사람마다 해석이 달라 오해를 불러일으킬 수 있습니다. 예를 들어 4호 화분의 흙에는 90ml의 물을 주고, 밝기는 최소 500럭스 이상을 유지한다는 식으로 구체적인 수치를 기준으로 알려주는 것이 중요합니다. 객관적인 기준을 알면 이전에 식물을 시들게 했던 원인도 쉽게 파악할 수 있습니다.

식물의 특성과 놓여 있는 장소의 환
경을 제대로 이해하고, 그에 적합한
구체적인 돌봄의 방법을 익히는 것
이 중요합니다. 이 책에는 그러한 내
용을 이해하기 위한 이론과 방법을
정리해두었으니, 이를 통해 식물을
올바르게 돌보는 방법을 배우고 '시
들지 않게 키우기' 위한 첫걸음을 시
작해보세요.

시들지 않게 키우기 위한, 식물을 선택하는 방법과 구입할 때 알아야 할 이론

어떤 관엽식물을 원하세요?

마음에 드는 식물은 어디에서 만날 수 있을까요?

식물을 고른 뒤에는 어디서 어떤 식으로 키우고 싶으세요?

돌봄을 시작하기 전에 매장에서 집으로 데려올 때

알아두어야 할 주의사항이 있습니다.

식물을 키우기 전에 거치는 과정이므로 지나치기 쉽지만

'시들지 않게' 키우기 위해 꼭 필요한 중요한 단계입니다.

'잘 시들지 않을 것 같다'고 생각하며 적당히 타협하지 말고 '오래도록 애정을 쏟을 수 있는' 마음이 가는 식물을 고른다

애정이 가지 않는 식물은 선택하지 않는다!

관엽식물을 고를 때 가장 중요한 것은 '오래도록 애정을 쏟을 수 있는 식물을 선택'하는 것입니다. '시들지 않을 것 같아서'라는 소극적인 이유로 식물을 선택하는 경우가 많은데, 이렇게 고른 식물에는 매일 정성을 들여 돌보고 싶은 마음이 잘 생기지 않습니다.

"식물의 존재를 쉽게 잊어버려, 물 주기를 놓치는 일이 잦다"는 말을 자주 듣습니다. 처음에 식물을 대충 고르면 애정이 생기지 않아, 실내에서도 그 존재감이 점점 희미해지는 경우가 많습니다.

아무리 튼튼하고 키우기 쉬운 식물이라도 돌봄이 없으면 성장할 수 없습니다. 책의 서두에서도 언급했듯이 식물은 반려동물처럼 돌봄이 필요한 생명체이기 때문입니다.

'식물을 잘 못 키울 것 같다'는 생각은 일단 내려놓으세요. 반려동물처럼 애정을 가지고 돌보고 싶다는 생각이 드는 식물을 직접 보고 선택해보세요. 특히 예전에 시들게 한 경험이 있다면 같은 실수를 반복하지 않도록 '시들지 않게 키우는 이론'을 꼼꼼히 살펴보시기 바랍니다.

오래도록 사랑할 수 있는 식물을 고르는 요령

애정을 가지고 키우면 관엽식물의 수명은 분명히 늘어납니다. 하지만 처음부터 '잘 시들지 않는다', '키우기 쉬울 것 같다', 혹은 '가격이 저렴하다'라는 이유만으로 식물을 선택해서는 안 됩니다.

먼저, 이유를 명확하게 설명하기는 어렵지만 왠지 진심으로 마음이 끌리는 식물을, 직감에 따라 선택하는 것이 무엇보다 중요합니다.

직감적으로 끌리는 식물들 사이에서 망설여진다면 그중에서 '키우기 쉬운' 식물을 선택하는 것이 좋습니다. 이 순서에 따라서 선택해보세요.

먼저 직감을 중요하게 생각한다

식물은 살아 있는 생명체이므로, 같은 종류라 해도 화분에 따라 모습이 조금씩 다르게 보입니다. 만남은 일생에 단 한 번뿐인 소중한 인연입니다. 예를 들어 위의 사진은 필로덴드론으로, 관엽식물 중에서도 특히 큰 핑크색 반점이 들어 있는 개성이 강한 품종입니다. 이처럼 조금 특이하더라도 직감적으로 끌리는 식물을 선택하는 것이 좋습니다.

잎의 형태와 가지 등 세밀한 부분도 꼼꼼히 살펴본다

전체적인 인상뿐만 아니라 세부적인 부분도 꼼꼼하게 살펴야 합니다. 뾰족한 잎, 하늘하늘 크게 퍼지는 부드러운 잎, 둥글고 작은 잎, 반점이나 무늬가 있는 잎 등 다양한 개성의 잎들이 있습니다. 생육 상태에 따라 가지의 모양도 다릅니다. 세부적인 부분까지 꼼꼼하게 살펴본 다음 '마음에 든다'고 느껴지는 포인트가 최대한 많은 것이 당신에게 잘 맞는 식물입니다.

인테리어 분위기에 맞는 식물을 고른다

선택하는 식물에 따라 인테리어 분위기가 달라지므로, 자신의 취향에 맞는 인테리어와 조화를 이루는지 살펴보는 것도 중요합니다.

둥근 잎은 부드러운 인상을, 단단하고 길쭉한 잎은 날카로운 인상을 줍니다. 잎의 크기가 클수록 야생적인 느낌이 강해지며, 작고 섬세한 잎은 귀여운 분위기를 자아냅니다.

관엽식물을 배치할 때는 어떤 공간을 연출하고 싶은지 미리 생각해보세요. 그리고 두고 싶은 장소의 분위기를 구체적으로 상상하면서, 오랫동안 애정을 가지고 돌볼 수 있는 식물을 선택하면 됩니다.

선택이 망설여질 때는 키우기 쉬운 것을 기준으로

마음이 끌리는 대상 중에서 선택하기가 망설여질 때는 '키우기 쉬운 것'을 기준으로 삼아도 됩니다. 잎의 특징을 살펴보면 키우기 쉬운지에 대한 힌트를 얻을 수 있습니다.

잎의 색깔

잎의 색깔은 밝은 녹색보다 짙은 녹색을 띤 식물이 더 튼튼하고 키우기 쉽다.

잎의 두께

얇고 부드러운 잎보다 두껍고 단단한 잎을 가진 식물이 키우기 쉽다.

반점

반점이란 식물의 잎에 원래의 색깔과 다른 무늬나 얼룩이 나타나는 현상을 말한다. 잎에 반점이 많은 식물보다 반점이 없는 식물이 키우기 더 쉽다.

어디에 두고 싶은가,
어떻게 키우고 싶은가,
희망하는 기준에 맞춰
계획을 세운다

식물을 구입하기 전에, 키우고 싶은 이상적인 공간을 상상해본다

관엽식물에 애정을 갖고 키우려면 먼저 진심으로 마음이 끌리는 식물을 선택하는 것이 가장 중요합니다. 이와 동시에, 어떻게 키우고 싶은지에 대한 자신의 바람을 미리 정리해두는 것이 좋습니다. 특히 그 식물을 구입하기 전에 '어디에' 두고, '어떤 방식으로' 키우고 싶은지 머릿속으로 확실하게 그려보세요.

왜냐하면 '어디에(= 키우는 장소)' 둘지, '어떤 식으로(= 키우고 싶은 크기)' 키우고 싶은지에 따라 돌보는 방법이 크게 달라지기 때문입니다.

자신이 원하는 바를 미리 정하지 않고 무작정 키우기 시작하면 식물이 예상보다 크게 자라 수형이 흐트러질 수 있습니다. 그러면 '이렇게 될 줄 몰랐는데'라는 생각이 들면서 애정이 식게 되거나, 원하는 장소의 환경에 맞춰 돌보지 못해 식물이 약해질 수도 있습니다. 그 결과 식물이 시들었을 때 그 원인을 알지 못해 당황하게 되는 상황이 발생할 수 있습니다.

"구입할 때가 가장 좋은 상태였다"는 말을 자주 듣습니다. 따라서 키우고 싶은 장소의 환경을 제대로 이해하고, 그에 맞는 관리 방법을 파악하는 것이 이상적인 공간을 만드는 첫 단계입니다.

원하는 내용을
정리하고,
그에 맞게
계획을 세운다

관엽식물을 구입하기 전에,
키우고 싶은 장소와 원하는
크기를 구체적으로 정리해두는
것이 좋습니다.

어디에 두고 싶은가?

먼저 식물을 놓아둘 공간의 환경부터
살펴보는 것이 중요합니다.
핵심 포인트는 놓아둘 공간의 크기와
밝기입니다.

놓아두고 싶은 공간의 크기

방 한쪽 구석이나 소파 옆처럼 넓은 공간
에는 키 큰 관엽식물이 잘 어울립니다. 구
입하기 전에 화분을 둘 공간의 높이와 폭을
미리 측정해두는 것이 좋습니다.

책상 위나 선반처럼 좁은 공간에는 작은 화
분이 잘 어울립니다. 작은 화분을 여러 개
나란히 놓는 것도 좋은 방법입니다. 배치할
공간의 폭을 미리 측정해두세요.

놓아두고 싶은 공간의 채광 상태

햇볕이 잘 드는 곳에 두면 밝기 문제는 자
연스럽게 해결됩니다. 다만, 여름철에는 직
사광선을 피하는 것이 좋습니다.

놓아두고 싶은 공간의 채광 상태가 좋지 않
더라도, 인공조명으로 보완하면 식물을 건
강하게 키울 수 있습니다.

☞ 직사광선에 대하여 … P80~83

☞ 보조 조명에 대해서 … P74~79

어떻게 키우고 싶은가?

처음 모습 그대로 유지할지, 아니면 더 크게 키울
지에 따라 돌보는 방법이 크게 달라집니다.

☑ 체크할 사항

구입할 당시의 상태를
유지하고 싶다면

판매되는 모습을 보고 한눈에 반해 구입한 경우, 그
당시의 크기나 가지의 형태를 그대로 유지하고 싶어
하는 경우가 많습니다. 이럴 때는 광량을 다소 줄이고
비료도 과하지 않게 주는 등 식물이 '현재 상태를 유
지'할 수 있도록 세심하게 관리해야 합니다.

☑ 체크할 사항

더 크게 키우고 싶다면

구입했을 때보다 더 크게 키우고 싶다면, 성장을 촉진
할 수 있도록 충분한 광량과 적절한 온도 등 환경을
잘 갖추는 것이 중요합니다. 또 처음부터 큰 화분을
구입하면 가격이 비싸고 운반하기도 쉽지 않습니다.
따라서 작은 화분부터 시작해서 점차 원하는 크기로
키워나가는 방법도 좋습니다.

☞ 식물의 성장과 '밝기'에 대해 … P70~73
☞ 식물의 성장과 '비료 및 식물 활력제'에 대해 …
　 P122~125

관엽식물의 성장 과정을 알면 키우기 쉽다!

성장 과정이 좋은 식물이라고 해서 키우기 쉬운 것은 아니다

매장에서 판매되는 관엽식물은 그 전까지 어떤 환경에서 자랐을까요? 관엽식물의 '성장 과정'을 이해하는 것이 중요한 이유는, 그 과정을 깊이 알게 되면 식물이 시들지 않게 돌보는 데 큰 도움이 되기 때문입니다.

사람마다 '성장 과정'이 제각기 다르고, 어린 시절에 형성된 습성이 어른이 된 후에도 무심코 드러나는 경우가 있습니다. 마찬가지로 식물도 자라난 환경의 영향으로 형성된 습성이 시간이 한참 지난 후에 나타날 수 있습니다.

성장 상태가 나쁜 식물을 절대 구입하지 말라는 뜻이 아닙니다. 오히려, 아주 잘 자라고 돌봄을 많이 받고 자란 식물일수록 환경의 변화에 더 취약해서 쉽게 시들어 버리는 경향이 있습니다.

일본의 오키나와처럼 밝고 강한 햇살이 내리쬐는 재배용 비닐하우스 안에서, 풍량과 습도까지 세심하게 관리되는 환경 속에서 쑥쑥 자란 관엽식물의 성장하는 모습을 상상해보세요. 이런 '온실 속에서 성장'한 식물은 도시의 아파트나 한랭지 같은 환경으로 옮겨지면 쉽게 기운을 잃을 수 있습니다.

환경의 '차이'가 클수록 관엽식물은 스트레스를 받아 약해지기 쉽습니다. 그런 문제를 어떻게 해결할 것인지 지금부터 자세히 알려드리겠습니다.

환경의 격차가 크면
약해지기 쉽다!

식물은 환경 변화에 상당히 민감하게 반응합니다. 예를 들면 따뜻한 오키나와에서 자란 식물이 갑자기 기온이 낮은 홋카이도로 옮겨지면 상태가 나빠집니다. 이는 사람도 마찬가지입니다.

다행히도 식물은 환경에 적응하는 능력이 뛰어납니다. 아무리 열악한 환경이라도 최소한의 조건만 갖추고, 그 환경에 적응하기만 하면 식물은 시들지 않고 건강하게 자랄 수 있습니다.

급격한 변화보다는 천천히 길들여야 식물이 적응하는 힘을 키울 수 있습니다. 놓인 장소의 환경에 익숙해지면 시들 위험이 훨씬 줄어듭니다.

생육 조건이 갖추어진 최적의 환경

생산지

관엽식물을 위한 최적의 환경에서 재배되고 있습니다. 세심한 생산자는 식물이 이후에 겪게 될 실내 환경과 변화에 잘 견딜 수 있도록 관리하고 환경을 조절한 후 출하하기도 합니다.

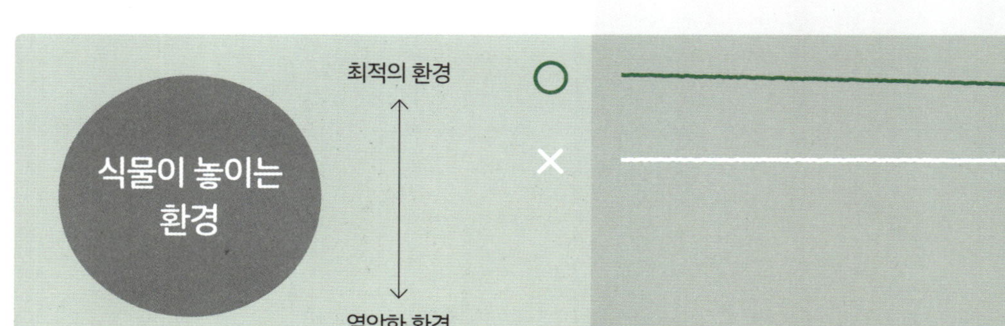

생산지에서 집으로 옮겨지기 전에 적응할 수 있도록 마련된 중계 지점

판매점

판매자 입장에서는 생산지와 집 사이의 환경 차이가 너무 크지 않도록, 식물이 새로운 환경에 서서히 적응할 수 있게 관리하는 단계가 반드시 필요합니다. 따라서 구입자 입장에서는 '어느 매장에서 구입할 것인가'도 중요한 선택 기준이 됩니다.

식물에게는 열악한 실내 환경

집

실내에서는 빛, 바람, 습도 등이 아무래도 부족한 편입니다. 예를 들어 실내 빛의 강도는 식물 재배용 하우스에 비해 1,000분의 1 이하에 불과할 정도로 약합니다. 이처럼 식물에게는 열악할 수 있는 환경에 잘 적응시키는 것이 '시들지 않게 키우는' 비결입니다.

좋은 매장을 구분하는 6가지 포인트

생산지와 매장, 집,
세 환경의 차이를 충분히 이해한 상태에서
관엽식물을 구입할 때,
좋은 매장의 조건은 무엇일까요?
포인트 6가지를 정리했습니다.

매장 내 환경은?

습도와 온도 관리 등 식물의 생육에 필요한 기본 조건이 갖추어진 환경은 사람에게도 쾌적한 공간이 됩니다. 매장에서 심호흡을 하면서 공기가 좋은지, 이곳에서 지내고 싶다는 생각이 드는지 느껴 보세요. 매장 내부의 청결 상태도 중요합니다.

어느 정도의 밝기가 좋을까?

식물 매장은 생산지와 집을 연결하는 중계 지점의 역할을 합니다. 따라서 구입 후 식물이 실내 환경에 잘 적응해서 그 지역의 기후와 생활환경에 익숙해질 수 있도록 세심하게 관리해주는 곳이 가장 이상적인 매장입니다. 구체적으로는 햇빛이 너무 강한 계절에는 일부러 빛을 차단해서 너무 밝지 않은 환경을 만드는 것이 중요합니다. 또 생산지 환경과 비슷한 최적의 조건을 갖춘 매장이라도, 집의 환경과 큰 차이가 있으면 식물이 집으로 옮겨진 뒤 변화된 환경에 잘 적응하지 못할 수도 있습니다.

식물의 건강 상태는?

판매하는 관엽식물이 모두 싱싱하고 건강한 상태를 유지하는 것은 좋은 매장이 갖추어야 할 기본 조건입니다. 세심한 돌봄을 받는 식물이라면, 잎에 먼지가 뽀얗게 쌓여 있지는 않을 것이므로 확인해보는 것이 좋습니다. 건강하고 튼튼한 식물을 구분하는 방법은 P42~45를 참고하세요.

전담 직원이 있는가?

매장에 관엽식물 전담 직원이 있는지 확인해 보세요. 관엽식물에 대해 잘 알고 전문 지식을 갖춘 전문 직원이 있으면, 식물을 선택할 때는 물론 키우는 방법까지 상담할 수 있어 더욱 좋습니다. 반면 잡화점이나 인테리어 숍의 한쪽 코너에 마련된 관엽식물 코너는 전담 직원이 없는 경우가 많아, 초보자에게는 식물 선택에 어려움이 따를 수 있습니다.

사후 관리 서비스가 있는가?

관엽식물에 관한 지식이나 경험이 부족하면, 구입 직후에 나타나는 변화라든가, 처음 맞이하는 추운 계절에 발생하는 문제들로 인해 돌봄에 관한 걱정과 불안이 생길 수밖에 없습니다. 이런 문제를 극복하기 위해, 구입 후에도 사후 관리 서비스를 제공해주는 매장이라면 더욱 안심할 수 있습니다. 참고로 제가 운영하는 cotoha(코토하)에서는 고객이 구입한 식물에 관한 고민을 매장이나 앱을 통해 무기한으로 상담해드리고 있습니다.

정보를 전달하고 있는가?

오늘날처럼 인터넷이 발달한 시대에는, 매장 홈페이지나 SNS를 통해 얼마나 적극적으로 정보를 제공해주는지 여부가 그 매장의 식물에 대한 애정과 열정을 짐작할 수 있는 지표가 됩니다. 인터넷에 넘쳐나는 수많은 정보 속에서 옥석을 가리기는 쉽지 않지만, 신뢰할 수 있는 전문점이 제공하는 정보를 바탕으로 식물을 키우는 방법을 익힌다면 한결 안심할 수 있습니다.

건강하고 튼튼한 식물인지 확인한다

체크 포인트를 확인해서 선택하는 눈을 기르자

매장에서 마음이 끌리는 식물을 발견했을 때, 그 식물이 구입하기에 괜찮은 상태인지, 구입하지 말아야 할지 어느 정도 스스로 판단할 수 있는 안목을 갖는 것이 중요합니다. 정직하게 조언해주는 직원이 있다면 좋겠지만, 판매하는 입장에서는 "사지 않는 게 좋다"고 말하기는 어렵기 때문입니다. 구입할 때 꼭 확인해야 할 체크 포인트는 2가지입니다.

첫째, 뿌리가 단단히 자리 잡은 '튼튼한 식물'인가?

둘째, 질병에 걸리지 않은 '건강한 식물'인가?

식물의 뿌리는 화분 속의 흙에 묻혀 있어 구입하기 전에 직접 상태를 확인하기는 어렵습니다. 그 대신 흙의 단단한 정도, 줄기의 흔들림이나 굵기 같은 다른 지표를 통해 뿌리의 건강 상태를 짐작할 수 있습니다.

식물에 생기는 질병은 그 종류가 다양해서 초보자가 알아차리기 어렵지만, 잎의 상태를 보면 어느 정도는 파악할 수 있습니다. 잎의 색깔과 윤기를 살펴보면 그 식물의 상태가 건강한지 어느 정도 판단할 수 있습니다.

건강한 식물을
구분하는 포인트

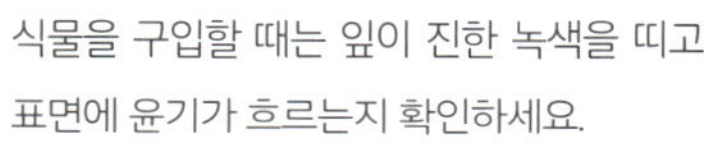

잎

식물의 건강 상태는 가장 먼저 잎에서 나타납니다. 해충이나 곰팡이 같은 미세한 원인은 직접 확인하기 어렵지만, 이로 인해 병에 걸리면 잎의 색깔이나 표면에 변화가 생기므로 쉽게 알아차릴 수 있습니다.

☑ 체크할 사항

잎에 윤기가 있고 예쁜 초록색을 띠는가?

식물을 구입할 때는 잎이 진한 녹색을 띠고 표면에 윤기가 흐르는지 확인하세요.

잎이 노란색이나 갈색으로 변하거나 윤기가 없다면, 건강 상태가 좋지 않을 수 있습니다.

☑ 체크할 사항

뿌리가 단단하게 자라 있는가?

뿌리

뿌리가 잘 자라고 있는지 확인하려면 줄기의 밑동을 부드럽게 흔들어 보세요. 만약 밑동이 쉽게 흔들린다면 뿌리가 흙에 단단히 자리 잡지 못했다는 증거입니다.

줄기의 밑동을 부드럽게 흔들었을 때, 흔들림이 적을수록 뿌리가 자리를 잘 잡고 건강하게 자라고 있다는 뜻입니다.

화분의 흙을 손가락으로 가볍게 눌러 보세요. 흙이 폭신폭신하고 부드럽게 눌린다면 좋은 상태입니다. 흙이 부드럽다는 것은 뿌리가 흙 속에서 자유롭게 뻗어나갈 수 있다는 뜻입니다. 반대로 흙이 너무 단단해서 손가락이 들어가지 않을 정도라면, 화분 속 뿌리에 필요한 공기가 잘 순환되지 않고 물과 양분도 제대로 흡수할 수 없는 상태입니다.

체크할 사항

흙이 폭신폭신하고 부드러운가?

가볍게 손가락이 들어간다면 흙이 부드러운 상태이므로 뿌리가 제대로 뻗어나갈 수 있습니다.

손가락이 들어가지 않을 정도로 흙이 굳어 있다면 뿌리가 제대로 뻗어나가기 어렵습니다.

체크할 사항

줄기의 밑동이 굵고 단단한가?

줄기가 목질화되어 있다면 뿌리가 단단하게 뻗어 있어 식물이 잘 자라고 있다는 뜻입니다. 하지만 꺾꽂이로 번식한 식물은 목질화가 느리게 진행되므로, 그만큼 뿌리 내리는 속도가 느리고 약한 편입니다.

같은 크기의 에버프레쉬라도 사진처럼 줄기의 굵기가 다를 수 있는데, 오른쪽에 있는 것을 구입하는 것이 좋습니다. 오른쪽 줄기는 목질화되어 갈색을 띠고 단단하지만, 왼쪽 줄기는 목질화가 되지 않다는 차이점이 있습니다.

처음 2~3주의 고비를 잘 넘겨야 한다

민감한 시기의 변화를 놓치지 않도록 주의한다

관엽식물을 옮겨온 직후에는 환경 변화가 스트레스로 작용해 식물의 컨디션이 쉽게 떨어질 수 있는 민감한 시기입니다. 다만 처음 1주일 동안은 별다른 변화가 나타나지 않는 경우가 많습니다. 그러다가 2~3주쯤 지나면, 갑자기 잎이 우수수 떨어지거나 노랗게 변색되는 등 '혹시 시든 건 아닐까?' 하고 걱정되는 변화가 자주 나타납니다.

초기 단계에서 원인을 찾아 적절하게 대처하면, 상태가 악화되는 것을 막을 수 있는 경우가 많습니다. 따라서 식물이 보내는 '도와주세요!'라는 신호를 놓치지 않도록 자주 살펴보는 것이 중요합니다. 2~3주의 고비를 넘기면 식물이 비로소 '시들지 않는' 안정된 단계에 접어들게 됩니다.

앞서 말했듯이 식물의 '성장 과정'이 상당히 중요합니다. 생산지 환경에서 형성된 습성은 이후의 관리 방식에도 영향을 미치기 때문입니다. 데려온 식물이 어떤 성질을 지녔는지 알고, 정성껏 돌보고 관찰하면서 자연스럽게 애착을 키워가길 바랍니다.

환경의 변화에
서서히 익숙해지도록 키우자

관엽식물은 환경의 변화를 정말 싫어합니다.
특히 데려온 후 2~3주 동안은 구입한 매장의 환경과 너무 급격히 달라지지 않도록
조심하면서 새로운 환경에 서서히 적응할 수 있도록 도와줘야 합니다.

관엽식물을 데려온 후 가장 먼저 해야 할 일

데려온 직후의 모습을
사진을 찍어 기록해둔다

처음의 상태를 사진으로 찍어서 기록해두세요. 사후 관리 서비스를
제공하는 매장에서는 구입 당시의 모습과 비교해서 어떻게 변했는
지를 확인하면 상담을 받는 데 도움이 됩니다.

처음 2~3주 동안은
실내에서 가장 좋은 자리에 둔다

구입한 후 2~3주일 동안은 관엽식물을 바로 원하는 장소에 두지 말
고, 우선 실내에서 가장 밝고 통풍이 잘되는 장소(겨울철에는 실온
10℃ 이상)에 두는 것이 좋습니다. 이렇게 해야 '2~3주의 고비'를 무
사히 넘길 수 있습니다. 건강하게 자라고 있다면 다음 장소로 옮기면
됩니다. 이때, 이전의 환경과 큰 차이가 나지 않도록 단계적으로 적응
시키는 것이 중요합니다.

온도 차이로 인해
잎이 노랗게 변하는 경우가 많다

2~3주 차에는 잎이 노랗게 변하거나 우수수 떨어지는 현상이 자주 나타납니다. 이런 현상이 반드시 식물이 병이 들었거나 약해진 상태는 아니므로, 우선 기존 매장과 집을 비교해서 환경이나 온도 차이가 너무 큰지 확인해봅니다. 빛을 충분히 받기 위해서는 밝은 창가에 두는 것이 좋습니다. 하지만 겨울철(한랭지의 경우 가을부터 봄까지)에는 창가의 일교차가 커서 짧은 기간에도 식물에 치명적인 영향을 줄 수 있으니, 가능하면 따뜻한 실내로 옮기는 것이 좋습니다.

☞ 온도 변화에 대하여 … P96~99

밝기가 부족하면
인공조명으로 보완한다

창문에서 햇빛을 충분히 받기 어렵거나, 창가의 큰 일교차 때문에 식물을 방 안쪽으로 옮겨야 하는 경우처럼 자연광을 충분히 받지 못하는 환경에서는 인공조명으로 빛을 보완해줄 수 있습니다. 관엽식물은 500럭스 이상의 빛을 하루 8시간 이상 받으면 건강하게 성장할 수 있습니다.

☞ 보조 조명에 대해 … P74~79

POINT

초보자라면
봄부터 가을 사이에
구입을 권장

관엽식물은 사계절 내내 매장에서 판매되고 있는데, 추운 겨울에 유통되는 식물들은 따뜻한 온실에서 재배된 것입니다. 사람이 겨울철에 감기에 걸리기 쉬운 것처럼, 관엽식물도 갑자기 추운 곳에 노출되면 상태가 쉽게 나빠질 수 있습니다. 24시간 따뜻한 실내에서 관리할 수 있다면 큰 문제가 없지만, 겨울철은 초보자에게 특히 주의가 필요한 시기라는 점을 꼭 기억해야 합니다.

겨울에 시들어 버린 틸란드시아 크세로그라피카

시들지 않게 키우기 위한 돌봄 도구

화분

화분의 크기

화분의 크기에 따라 물을 주는 적정량이 달라지기 때문에 키우고 있는 식물의 화분 크기를 파악해두는 것은 중요합니다. 식물을 크게 키우고 싶다면, 구입할 때 사용된 판매용 포트보다 한 호수 큰 화분으로 옮겨 심는 것이 좋습니다.

☞ 물 주기에 대하여 … P58
☞ 분갈이에 대하여 … P116

MEMO

화분 크기의 규칙

화분의 크기는 지름을 기준으로 '호' 단위로 표시됩니다. 1호는 지름 약 3cm로, 호수가 하나씩 커질 때마다 지름이 약 3cm씩 늘어납니다.

* 3호~12호 화분은 모두 「어반 플랜트 포트」 PLUS the green

'시들지 않게 키우기' 위해서라도 배수 구멍이 있는 화분을 고른다

화분 바닥에 있는 배수 구멍은 물 주기를 할 때 과도한 수분을 배출하고 흙의 통기성을 좋게 하기 위해 반드시 필요합니다. 식물을 건강하게 키우기 위해서는 배수 구멍이 있는 화분을 선택하세요.

'화분 커버'에는 기본적으로 배수 구멍이 없으므로 배수 구멍이 있는 화분을 화분 커버 안에 넣어 사용합니다. 배수 구멍이 없는 화분에 식물을 심을 수도 있지만, 물을 주면 빠지지 않고 내부에 고여 시들어 버릴 위험이 있으므로 초보자에게는 적합하지 않습니다.

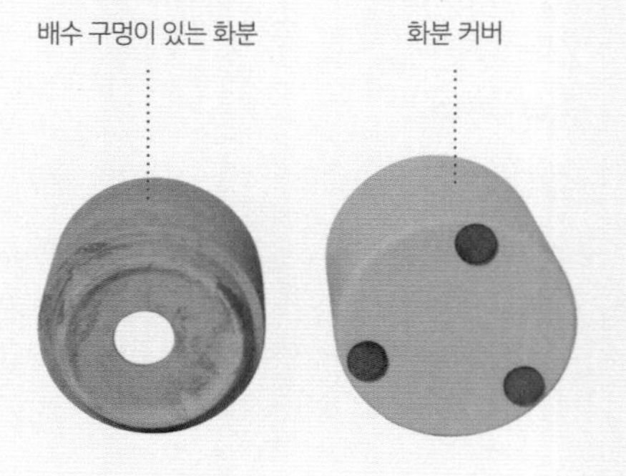

재활용 소재로 만든 화분

꽃줄기와 폐신문지를 재활용하여 만든 화분. 사용 후에는 자연 분해되어 흙으로 돌아간다.
「STEMN」주식회사 JOURO

재활용 플라스틱에 톱밥과 돌가루가 섞인 소재로 가볍고 튼튼하다.
「어반 플랜트 포트 [밀크]」PLUS the green

화분의 재질

화분은 재질에 따라 기능성, 무게, 느낌 등이 다릅니다. 키우고 싶은 식물에 가장 적합한 화분을 선택하는 것이 중요합니다. 여기서는 일반적인 재질의 화분부터 최근에 등장한 신소재까지 다양한 종류를 소개합니다.

토기

다공질 구조이므로 통기성과 배수성이 뛰어나 식물이 자리기 좋은 환경을 제공한다.
「토스카나 스탠더드 포트」주식회사 그린 포트 무역부

시멘트

시멘트 특유의 시원한 질감이 매력적이며 튼튼한 내구성도 장점이다.
「플랜터 CEM18」다나카 도자기 주식회사

도자기

다양한 디자인이 있어 관상용으로 적합하다. 잘 깨지지 않는 것을 선택한다.
「컬러 글레이즈드 포트 3.5호」DULTON

플라스틱

가볍고 휴대하기 쉬워서 큰 화분이나 행잉용 화분으로도 적합하다.
「깊은 화분L」야마토 플라스틱 주식회사

권장

심볼 트리는 화분 커버를 엄선한다

심볼 트리처럼 큰 식물을 심을 화분을 선택할 때, 외형만 보고 도자기처럼 무거운 재질을 선택하면 나중에 옮기거나 분갈이할 때 힘들 수 있습니다. 식재용 화분은 가능하면 플라스틱처럼 가벼운 소재를 선택하는 것이 좋습니다.

그 대신, 화분을 감싸는 화분 커버는 무게감이나 선호하는 질감 등 취향에 맞게 선택하면 됩니다. 분갈이를 할 때는 그 안에 있는 화분만 꺼내면 되므로 관리도 편리합니다.

시들지 않게 키우는
일상적인 돌봄의 이론

이번 PART에서는 '식물을 시들지 않게 하기' 위한
관엽식물 돌보기의 기본적인 방법을 알려드립니다.

지금까지 상식처럼 여겨졌던 관리 방법들도,
'이게 정말 맞을까?' '더 좋은 방법은 없을까?' 하는 생각으로
하나하나 직접 검증해왔습니다.
이렇게 쌓은 내용을 이해하기 쉬운 이론과 요령으로 정리해서,
누구나 실패하지 않고 식물을 키울 수 있도록
저희 매장의 고객님들께 소개해드리고 있습니다.

물, 빛, 바람의
3요소를 갖춘다

관엽식물을 키우기 위해 꼭 필요한 기본 요소

관엽식물을 시들지 않게 키우기 위한 가장 기본적인 토대는 물, 빛, 바람이라는 3가지 요소입니다. 이 3가지는 모두 자연계에 당연히 존재하는 것들입니다.

그렇다고 해서 아열대 지역처럼 강한 태양광이 관엽식물 생육에 꼭 필요한 것은 아닙니다.

앞서 말했듯이 관엽식물은 실내에서도 자랄 수 있도록 적응되어 있어 반드시 원산지와 같은 환경이 이상적이라고 할 수는 없습니다. 오히려 실내 환경에 적응한 관엽식물은 강한 햇빛을 싫어합니다.

중요한 것은 원산지가 아니라 실제로 길러진 환경, 즉 생산지에서 어떤 조건에서 '성장'했는가 하는 점입니다.

식물이 출하되기 전 생산지에서 물, 빛, 바람, 3가지 요소를 어떻게 받으며 자랐는지를 이해하고, 그와 비슷한 환경을 만들어 주는 것이 관엽식물을 건강하게 키우는 포인트입니다.

먼저 물, 빛, 바람의 각 요소가 왜 필요한지, 그리고 이들이 식물에 어떤 역할을 하는지 자세히 알아보겠습니다.

관엽식물을 키우는 데
필요한 3요소

식물의 건강한 성장을 위해 필요한 3가지 요소는
물, 빛, 바람입니다.
이 3가지 요소가 조화를 이루며 식물의 상태에
영향을 미치기 때문에 어느 하나라도 부족하면
건강하게 자라지 않습니다.

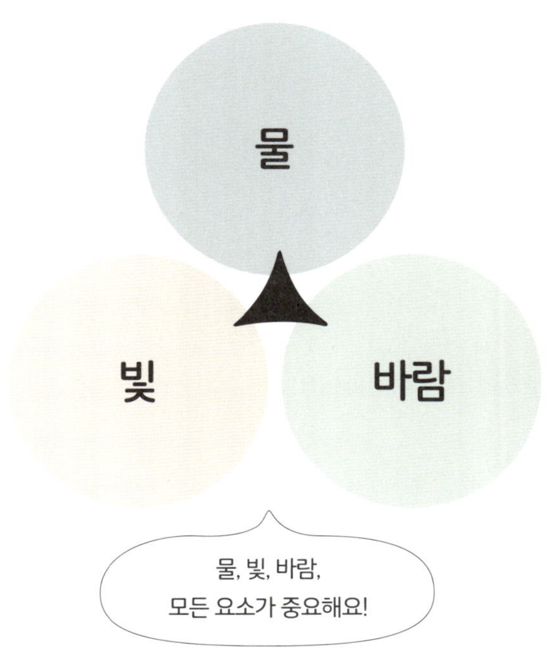

물

쉬워 보이지만
실패하기 쉬운 물 주기

물은 식물에 꼭 필요한 요소입니다. 하지만 너무 많거나 적으면 식물이 잘 자
라지 못하고 오히려 시드는 원인이 될 수 있습니다. 먼저 적절한 물 주기 요령
을 익히는 것이 중요합니다.

☞ 물 주기에 대하여 … P58~65

왜 물이 필요할까?

◎ 식물 전체에 수분을 공급하기 위해

◎ 화분 속 공기를 교체하기 위해

◎ 식물이나 흙의 온도를 조절하기 위해

◎ 식물이 광합성을 하기 위해

◎ 화분 내의 노폐물을 흘려보내기 위해

빛

광합성을 할 수 있는 최소한의 광량을 확보

빛은 식물이 광합성을 하는 데 꼭 필요한 요소입니다. 햇볕이 잘 드는 환경이 가장 좋지만, 실내 환경에 적응한 관엽식물은 강한 빛이 꼭 필요하지는 않습니다. 어두운 환경에서는 인공조명으로 빛을 보완해주면 잘 자랄 수 있습니다.

☞ 빛에 대해서 … P70~79

왜 빛이 필요할까?

◎ 식물이 광합성을 하기 위해

◎ 광합성을 통해 산소와 에너지원이 만들어지며, 이는 식물에 꼭 필요한 생명 활동이다

◎ 태양광뿐만 아니라 인공조명으로도 광합성을 할 수 있다

바람

놓치기 쉬운 바람의 순환도 중요

실내의 공기를 원활하게 순환시키는 것은 식물의 병해충을 예방하기 위해서도 꼭 필요합니다. 놓치기 쉬운 부분이지만, 사람과 마찬가지로 식물에도 환기는 매우 중요합니다.

☞ 바람에 대해서 … P84~87

왜 바람이 필요할까?

◎ 곰팡이와 박테리아의 활동을 억제하여 식물의 병해충을 예방하기 위해

◎ 온도 조절을 위해

◎ 잎 표면에 있는 기공(호흡과 수분 조절을 위한 구멍)의 개폐를 원활하게 하기 위해

화분의 중심부가 마르면 물을 준다

초심자에게는 물 주기가 가장 어려운 일

관엽식물을 시들게 했다고 말하는 사람들의 말을 들어보면, 대부분 '물 주기'에 문제가 있다는 생각이 듭니다. 초보자가 식물을 시들게 만드는 가장 중요한 원인은 물 주기입니다.

흔히 "흙의 표면이 마르면 물을 주세요"라는 말을 많이 하는데, 이 말에는 함정이 있습니다. 실제로는 흙 표면만 말라 있고 화분 속의 흙은 여전히 촉촉한 경우가 많아 물을 너무 많이 주게 될 위험이 있습니다.

또 '겨울에는 물 주기를 줄이세요'라는 조언도 흔히 듣는데,

이 말에도 함정이 숨어 있습니다. 겨울에도 따뜻한 방에서 키우면, 식물이 휴면기(P100~107)에 들어가지 않고 생육기 상태를 유지하므로 물 주기를 계속해주는 것이 좋습니다.

물을 너무 많이 주거나 너무 적게 주면 식물이 말라 버립니다. 물 주기에서 중요한 것은 물의 양, 빈도, 방법, 이 3가지 핵심 요소를 정확히 이해하는 것입니다. '표면이 말라서' 혹은 '겨울이니까'라는 기준이 아니라, 3가지 포인트를 기본으로 한 물 주기 요령을 이제부터 자세히 알아보겠습니다.

물을 너무 많이 주면 시드는 원인이 된다!

"흙의 표면이 마르면 물을 주라"는 조언을 그대로 따르다 보면, 표면만 마른 시점에 물을 주어 지나치게 물을 줄 위험이 있습니다.

화분 속의 흙에 수분이 너무 많은 상태가 지속되면 뿌리가 자라지 못하고 썩어서 시들게 되는 원인이 될 수 있습니다.

식물의 뿌리는 흙이 마르면 수분을 찾아 뻗어 나가려는 성질이 있습니다. 뿌리가 단단하게 자리 잡은 식물은 튼튼하게 자라지만, 과도한 수분으로 인해 뿌리가 자라지 않으면 식물이 약해집니다.

바람직한 것은 화분의 중심부까지 흙이 잘 마른 상태와, 물이 화분 전체에 고르게 퍼지는 상태가 번갈아 나타나는 것입니다. 다만 '듬뿍 준다'는 느낌은 사람마다 다르므로 혼란이 생길 수 있습니다.

아래의 표는 화분의 중심부까지 흙이 마른 상태에서, 화분의 크기별로 필요한 물의 양을 나타낸 것입니다. 이를 기준으로, 키우고 있는 식물의 화분 크기에 맞춰 적당한 물의 양을 구체적인 수치로 확인하고 적절한 양을 주도록 합니다.

화분 크기별 필요한 물의 양

화분 크기	지름	흙의 경우	코토소일*의 경우
4 호	12cm	90ml	171ml
5 호	15cm	180ml	342ml
6 호	18cm	315ml	598ml
7 호	21cm	495ml	940ml
10 호	30cm	1,250ml	2,394ml

※ 일반적인 관엽식물의 흙으로 키우는 경우와 코토소일(P61 참조)로 키우는 경우, 필요한 물의 양이 다릅니다.

* 코토소일(コトソイル)은 cotoha에서 개발한 세라믹 소일이다.

식물의 뿌리는 흙이 마르는 동안 물을 찾아 뻗어나가면서 성장한다. 따라서 일부러 흙이 마른 상태를 유지하며 뿌리가 그 활발하게 뻗어나가도록 시간을 주는 것이 중요하다.

흙이 완전히 마른 상태와 분갈이할 때는 **표에 제시된 물의 양을 2배** 정도로 주는 것을 기준으로 하세요.

중심부의 수분량을 알 수 있다! 물 주기 보조 도구

물 주기 알리미, 서스티

물을 줄 타이밍을 잘 모르는 초보자라면, 시중에 판매되는 물 주기 알리미 도구를 활용하는 것도 좋은 방법입니다. 이 스틱은 흙이 촉촉할 때는 파란색으로 보이다가, 건조해지면 흰색으로 변해서 물 주는 시기를 알려줍니다. 정확한 측정을 위해 화분의 중심부까지 깊게 꽂아 사용하는 것이 중요합니다. 보이지 않는 흙 속의 수분 상태를 알 수 있어 식물 관리가 편리합니다.

「서스티」 캐비노체 주식회사

물이 부족

흰색으로 변하면 화분의 중심부가 건조해졌다는 신호로, 물을 줄 타이밍이다.

물이 충분

파란색이 되면 화분의 중심부에 수분이 충분하다는 신호이므로, 물 주기는 자제한다.

무기질 흙, 코토소일

cotoha에서 개발한 코토소일은 흙 대신 사용하는 세라믹 소일(도자기 흙)입니다. 수분 함량에 따라 색깔이 변하기에 물 주는 타이밍을 정확히 알 수 있습니다. 코토소일은 일반 흙보다 약 1.8배 높은 보수력을 지니고 있어 물 주기가 편리하며 과습이나 건조로 인한 생육 실패를 예방하는 데 도움이 됩니다. 또 무기질 소재이므로 벌레가 생길 우려가 없어 위생적으로 관리할 수 있다는 장점이 있습니다.

수분이 충분할 때는 갈색(왼쪽), 수분이 빠지면 흰색(오른쪽)이 된다. 전체가 하얀색으로 변하면 물을 줄 타이밍이다.

화분 전체에
고루 퍼지도록
물을 충분히 준다

물을 충분히 준 것 같아도 마른 부분이 남아 있다!

물 주기를 할 때 적정량을 파악한 다음으로 중요한 것은 '물을 주는 방식'입니다.

일반적으로는 '화분 바닥으로 물이 흘러나올 만큼 충분히' 주는 것이 좋지만, 여기에도 숨겨진 함정이 있어 주의해야 합니다.

물을 주는 속도나 방식에 따라 화분 속의 흙 전체에 물이 고르게 스며들지 않을 수 있기 때문입니다. 예를 들어 물을 단번에 많이 부으면, 흙이 흡수하지 못한 물이 바로 화분 바닥으로 흘러내려 배수구를 통해 빠져 나갑니다. 그 결과 흙 속에는 촉촉한 부분과 여전히 마른 부분이 뒤섞인 상태가 됩니다. 아무리 화분 크기에 맞춰 적절한 양의 물을 준비했더라도, 그 물이 화분 전체에 고르게 스며들지 않고 일부가 흘러나가 버리면 물 주기의 효과는 떨어집니다.

식물의 뿌리는 화분의 표면과 중심부를 비롯해 화분 전체에 걸쳐 고르게 뻗어 나갑니다. 다만 물이 충분히 스며들지 않은 부분의 뿌리는 수분을 제대로 흡수하지 못해 약해지고, 그에 연결된 잎도 함께 약해집니다.

'물을 충분히 주고 있다'고 생각해도 물 주는 방법이 적절하지 않아서 시들고 있지는 않은지 점검해볼 필요가 있습니다.

화분 바닥까지
균일하고 확실하게
물이 스며들게 한다

물이 화분 바닥과 주변부에 있는
뿌리까지 골고루 스며들게 하는 것이 중요합니다.
화분 바닥으로 물이 흘러나와도,
흙 속까지 제대로 스며들지 않는 경우가 있습니다.
이런 문제를 예방하기 위해서는
물을 주는 양과 속도를 조절하는 것이 중요합니다.

드립커피를 내리듯이

물 주기를 할 때는 드립커피를 내리듯 속
도를 조절해서 주는 것이 좋습니다. 커피
에 물을 붓는 것처럼 천천히 조심스럽게
물을 부어 주세요. 이렇게 하면 화분 전
체에 물이 고르게 스며들 수 있습니다.

화분 속의 흙 전체에 물이 균일하게 스며든 상
태입니다. 이처럼 물이 고르게 퍼지면 물을 자주
주지 않아도 되고, 시들 확률도 줄어듭니다.

물을 급하게 주면 물이 한쪽으로 몰려 흙의 일
부에만 스며들고, 말라 있는 부분의 뿌리는 물을
제대로 흡수하지 못하게 됩니다. 흙이 딱딱하게
굳어서 물이 잘 침투하지 못할 경우에는 분갈이
를 고려하는 것이 좋습니다.

☞ 분갈이 … P116~121

화분 크기에 비해 물의 양이
부족하면 윗부분에만 물이
흡수되고 바닥까지 내려가
지 않습니다. 이런 경우 뿌
리 전체에 물이 고루 스며들
지 않아 수분이 부족해지기
쉽습니다. 얼핏 보기에는 물
주기가 잘 된 것처럼 보이기
때문에 실패하기 쉽습니다.

시들지 않게 하는
올바른 물 주기의 속도

마른 코토소일을 넣은 6호 화분(지름 약 18cm)에 약 1.2리터의 물을 준 후, 시간이 지난 후의 변화를 살펴보겠습니다.

물을 천천히 주면 화분 전체에 고루 퍼지는 데 약 1분이 걸립니다. 생각보다 시간이 걸린다는 것을 알 수 있습니다(흙일 경우 물의 양은 630ml가 기준).

※ 촬영용으로 바닥에 구멍이 없는 유리 화분을 사용했습니다.

START

FINISH!

→ 약 30초 후 —————————————————————→ 약 1분 후

완전히 마른 상태에서 시작

천천히 원을 그리듯이 물을 주기 시작한다.

계속 부으면 물의 일부가 화분 바닥에 도달한다.

※ 바닥에 구멍이 있을 경우, 이 단계에서 물이 흘러나온다.

물이 80% 정도 퍼졌지만, 흙이 아직 젖지 않은 부분이 남아 있다.

마침내 화분 전체에 물이 고르게 퍼진 상태.

화분 바닥으로 물이 충분히 흘러내리도록 한다

화분 바닥으로 물이 흘러나와도 바로 멈추지 말고, 정해진 양의 물(P60의 표 기준)을 끝까지 천천히 계속 부어야 합니다. 적정량의 물을 주었다면 화분 바닥으로 반드시 물이 흘러내립니다.

물 주기용으로 큼직한 받침 접시를 준비해두면 편리합니다. 물을 준 후에는 받침 접시에 고인 물은 버려 주세요.

코토소일을 사용할 경우, 큰 받침 접시에 물을 담아 화분 바닥에서 흡수하게 하면, 모세관 현상으로 인해 물이 화분 전체에 고르게 스며들어 물 주기의 실패를 줄일 수 있습니다. 어느 정도 흡수하게 한 후, 물이 더 이상 줄어들지 않으면 받침 접시에 고인 물은 버려 주세요.

매일 엽수를 뿌려
병에 걸리지 않게 한다

매일 뿌려주는 엽수가 생기 있는 녹색을 만든다!

관엽식물은 매일 물을 줄 필요는 없지만, 매일 해야 할 일이 있습니다. 바로 '엽수'입니다.

엽수란 스프레이 용기(물뿌리개)를 사용해서 잎의 표면에 물을 뿌리는 것을 말합니다. 잎과 줄기는 살아있는 조직으로, 숨을 쉬기 때문에 뿌리와 마찬가지로 수분을 필요로 합니다.

엽수를 통해 잎의 촉촉함을 유지하면 잎은 생기를 잃지 않고 선명한 녹색을 띱니다. 미스트를 뿌릴 때 잎 주변에 생기는 '바람'은 병해충 발생을 억제하는 데 도움이 됩니다. 동시에 식물에 좋은 자극을 주어 성장을 촉진하고 싹이 잘 트는 등 다양한 효과를 기대할 수 있습니다.

엽수는 물 주기보다 간단하게 할 수 있어, 식물의 상태를 자주 관찰하는 습관을 기르는 데 도움이 됩니다. 그 과정에서 사소한 이상 징후나 변화를 빨리 발견할 수 있고, 무엇보다 매일 식물을 들여다보면 자연스럽게 식물에 대한 애착이 커집니다. 그 애착만으로도 '시들지 않게 키우는 사람'에 한 걸음 더 가까워질 수 있습니다.

엽수는 잎에 하는
스킨케어

사람의 피부가 매일 촉촉함을 유지하기 위한 관리가 필요하듯, 식물도 꾸준한 관리가 필요합니다. 엽수는 잎을 위한 스킨케어와 같으므로 매일 실천하는 것이 좋습니다.

매일 부지런히 관찰하는 것은 돌봄 측면에서 큰 장점이 될 뿐만 아니라, 식물의 건강과 성장에도 다음과 같은 효과가 있습니다.

노즐이 길면 우거진 잎 사이에도 엽수를 골고루 뿌릴 수 있어 추천한다. 또 높은 곳에도 닿기 쉬우므로 키가 큰 관엽식물에도 사용하기 편리하다.

→ 상품 정보는 P92

엽수 방법

잎의 앞면과 뒷면, 양면에 듬뿍

잎의 앞면뿐만 아니라 기공이 많이 모여 있는 뒷면까지 스프레이를 뿌려 주세요. 잎 전체가 골고루 촉촉해질 정도로 충분히 뿌리는 것이 좋습니다. 이렇게 하면 실내 습도가 높아져서 방 안의 가습 효과도 기대할 수 있습니다.

줄기에도 확실하게 뿌려주기

줄기 부분도 호흡을 하기 때문에 꼼꼼하게 물을 뿌려 골고루 적셔 주세요. 이렇게 하면 성장이 촉진되어 새싹이 쉽게 돋습니다.

잎에 먼지가 쌓이면 부드럽게 닦아낸다

실내에서 키우는 관엽식물은 잎에 먼지가 쉽게 쌓입니다. 먼지는 기공을 막아 잎의 호흡을 방해하고, 미관상으로도 좋지 않습니다. 먼지가 신경 쓰일 경우, 키친타올로 잎의 표면을 부드럽게 닦아 주세요. 일주일에 한 번 정도의 주기가 적당합니다.

아침저녁으로 1일 2회가 가장 좋다!

엽수를 하는 타이밍은 언제 해도 상관없지만, 매일 잊지 않도록 정해진 시간에 꾸준히 하는 습관을 들이는 것이 좋습니다. 아침저녁으로 하루 2회가 좋으며, 적어도 하루 1회는 해주는 것을 추천합니다.

책을 읽을 수 있는 500럭스의 밝기를 확보한다

럭스 단위로 밝기를 표시

빛은 식물이 광합성을 하기 위해 꼭 필요한 요소입니다. 식물을 키울 때 "밝은 곳에 두세요"라거나 "커튼 너머 밝은 창가에서 키우세요"라는 조언을 자주 듣게 됩니다. 그런데 '밝다'는 표현은 상당히 주관적이므로 사람마다 밝기를 느끼는 기준이 다를 수 있습니다. 또 같은 창가라 해도 지역이나 건물 구조에 따라 실제 밝기가 달라질 수 있습니다.

사람의 주관적인 감각에 의존해 밝기를 판단하기보다는, 관엽식물에 필요한 정확한 밝기를 전달하려면 어떻게 해야 할까요? 가장 확실한 방법은 '럭스'라는 조도 단위를 사용해서 밝기를 수치로 나타내는 것입니다.

구체적 말하면, 관엽식물을 키우기 위해서는 최소 500럭스 이상의 밝기가 필요합니다. 이 정도의 밝기는 낮에 전등을 끈 상태에서 책을 읽을 수 있을 정도입니다.

식물 돌봄에 필요한 빛의 밝기를 럭스 단위로 수치화하여 살펴보겠습니다.

a vodou, za vodou, za vodičkou
hrála tam má milá s holubičkou,
hrála tam má milá s černým
orlem:
„Ožeň se, Jeníčku, s pánem
Bohem!"

밝기의 기준을 럭스 단위로 확인하기

식물이 성장하기 위해서는 500럭스 이상의 밝기가 필요합니다. 500럭스는 식물이 광합성을 수행하는 데 필요한 최소 기준으로, 이 정도 밝기만 확보되면 식물이 시들지 않고 자랄 수 있습니다.[※]

500럭스의 밝기가 어느 정도인지는 P73의 차트를 참고하세요. 여름철 맑은 날의 야외 밝기가 10만 럭스인 것과 비교하면, 500럭스는 상당히 어두운 수준에 해당합니다. 즉 실내에서 자라는 관엽식물은 강한 빛이 필요한 것은 아니라는 뜻입니다.

다만 일반적인 밤 시간대 거실의 밝기는 200~300럭스 정도이므로, 낮에도 실내에 두는 위치에 따라 광량이 다소 부족할 수도 있습니다.

빛을 쬐는 시간도 중요한데, 500럭스 이상의 밝기로 최소 8시간 이상 유지되어야 합니다. 예를 들어 아침에 500럭스의 밝기로 몇 시간만 지속되고, 저녁에는 어두운 환경에 놓인다면 전체적으로는 광량이 부족합니다.

빛이 부족한 경우의 대처 방법에 대해서는 [THEORY 011]에서 참고하세요.

※ 이 수치는 어디까지나 기준일 뿐이며, 식물의 종류와 재배 환경, 적응 상태에 따라 달라질 수 있습니다.

럭스란?

럭스(lux)는 전구 조명의 밝기를 나타내는 국제단위계(SI)의 단위로, 수치가 작을수록 어둡고 수치가 클수록 밝은 상태를 의미합니다.

식물의 광합성에 필요한 빛의 양은 PPFD(광합성 광양자속 밀도)라는 수치로 가장 정확하게 측정할 수 있지만, 전용 계측기가 있어야 측정이 가능합니다. 따라서 이 책에서는 쉽게 이해할 수 있도록 럭스를 기준으로 설명합니다.

럭스를 측정할 수 있는 앱을 활용

럭스 측정 관련 앱은 앱스토어(iOS)와 구글플레이(안드로이드)에서 검색하면 됩니다. 대표적인 앱으로는 'Photone-Grow Light Meter', 'Lux Light Meter Pro' 등이 있습니다.

한여름의 태양(실외)

생산지

※ 오키나와, 규슈 남부 등 온난한 지역의
하우스 내부, 맑은 날씨의 조도.

흐린 하늘(실외)

판매점

※ 조명으로 환하게 밝히고 있는 매장 내부. 백화점
이나 일반 사무실도 대부분은 이 정도의 조도.

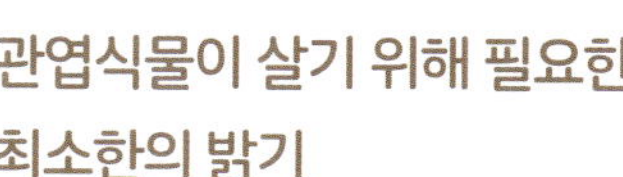

**관엽식물이 살기 위해 필요한
최소한의 밝기**

주거 내

밤에 조명을 켠 거실의 밝기. 낮 동안에도 실내의
밝기는 창문 개수 등 실내 환경에 따라 달라지며,
창문에서 먼 곳은 밤과 거의 다르지 않은 어두운 밝
기인 경우가 많다

인공조명으로
부족한 빛을
보완한다

동영상도
체크!

[cotoha의 YouTube]

어두운 실내에는 인공조명으로 보완한다!

일본의 경우 주거 공간이 대체로 여유롭지 않기 때문에, 자연광이 충분히 들어오는 방은 드문 편입니다. 창문이 있어도 북향이거나 옆 건물과 가까워 햇빛이 거의 들지 않는 방에서 지내는 사람들도 적지 않습니다.

어두운 방에 산다고 해서 관엽식물을 키울 수 없는 것은 아닙니다. 햇빛이 부족할 경우에는 인공조명으로 빛을 보완할 수 있기 때문입니다.

이런 상황에서는 LED 조명을 사용하는 것이 좋습니다. 여러 차례 자체 조사를 진행한 결과, 일반 가정용 LED 조명만으로도 부족한 빛을 충분히 보완할 수 있다는 사실을 확인했습니다.

물론 식물에게 가장 이상적인 빛은 햇빛입니다. 하지만 식물은 의외로 적응력이 뛰어나서 어두운 환경이나 인공조명에서도 잘 적응하며 자랍니다.

식물의 적응력을 알게 되면 '우리 집은 어두워서 키울 수 없어'라며 포기할 필요가 없다는 것을 깨닫게 됩니다. 부족한 빛은 인공조명으로 충분히 보완할 수 있으므로 적극적으로 시도해보는 것이 좋습니다.

가정용 LED 전구로 빛을 보완할 수 있다!

관엽식물을 키우기 위한 인공조명으로, 예전에는 식물 재배 전용으로 개발된 고가의 조명이 적합하다고 여겨지는 경우가 많았습니다. 저 역시 한때는 그것이 정설이라고 믿었습니다.

그런데 다양한 전구를 이용해 실험을 반복해본 결과, 가정용 LED 전구만으로도 관엽식물을 충분히 건강하게 키울 수 있다는 것을 알게 되었습니다.

물론 식물 재배용 조명은 성능이 뛰어나기 때문에 보조 조명으로 사용해도 문제가 없습니다. 다만 관엽식물에 부족한 빛을 보완하는 방법으로, 저렴한 LED 전구를 사용해도 충분하다는 것을 알아 두는 것이 좋습니다.

식물에 필요한 빛은?

빛에는 사람의 눈으로 볼 수 있는 400~650nm 파장(스펙트럼)이 존재합니다. 이 중에서 식물의 성장에 특히 중요한 파장은 파란색과 빨간색으로, 다음과 같은 특징이 있습니다.

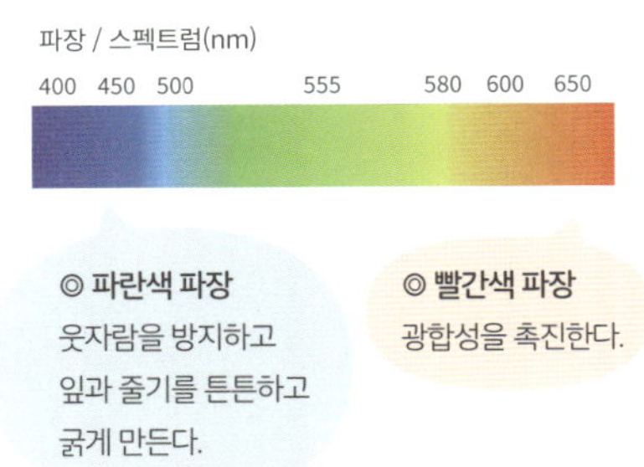

시판되는 대부분의 전구에는 기본적으로 파란색과 빨간색 파장이 포함되어 있습니다. 다만 주광색 조명은 파란색 파장이, 전구색 조명은 빨간색 파장이 더 강합니다. 두 조명 모두 식물의 보조 조명으로 활용할 수 있으므로 인테리어 분위기나 개인 취향에 맞게 선택하면 됩니다.

①~⑦은 모두 LED 전구이며, 보조 조명으로 적합하다. 반면에 ⑧백열전구와 ⑨할로겐전구는 빛은 밝지만 소비전력이 높고 발열이 심해 보조 조명으로는 부적합하다. ②, ③은 식물 재배용 조명으로 판매되고 있다. ③, ④, ⑤처럼 조명 장치에 전구 수가 많을수록 더 높은 조도를 기대할 수 있다.

빛의 강도는 빛을 비추는 거리와 시간이 중요!

관엽식물에 부족한 빛을 보완하기 위해 일반적인 LED 전구가 많이 사용됩니다. 다만 빛의 강도(식물 가까이에서 측정되는 조도)가 500~1,000럭스 정도는 되어야 효과가 있습니다. P72에 소개된 것처럼 조도계 관련 앱을 참고해보세요.

빛의 강도는 조명에서 식물까지의 거리와 조명을 비추는 시간에 따라 달라집니다.

조명과 식물 사이의 거리가 가까울수록 식물이 받는 빛은 더 강해집니다. 또 하루에 최소 8~10시간 동안, 총 5,000럭스 이상의 빛을 쬐어야 합니다.

빛의 강도는 거리가 가까울수록, 시간이 길수록 강해집니다. W(와트)가 낮은 전구를 최대한 가까이에서 오랜 시간 비추면 전력 소비를 줄일 수 있어 전기료도 절약됩니다.

조명을 비추는 다양한 방법

테이블 조명으로 비추기

작은 화분에 담긴 식물은 가정용 테이블 조명으로도 필요한 빛을 충분히 받을 수 있습니다. 빛만 충분히 받을 수 있으면 선인장도 꽃을 피울 정도로 잘 자랍니다.

위에서 비추기

잎에 빛이 잘 닿도록 하려면 위쪽에서 비추는 방식이 가장 효과적입니다. 사진 속 벤자민은 햇빛이 거의 들지 않는 현관에 놓여 있지만 밝은 조명 덕분에 몇 년째 잘 자라고 있습니다.

밑에서 비추기

화분 가장자리에 클립형 조명을 끼워서 고정한 뒤 아래에서 위로 빛을 비추는 방법도 있습니다. 위에서 비추는 경우에 비해 조도는 낮지만 간접 조명으로 공간 분위기를 연출할 때 효과적입니다.

성장시킬지, 유지할지에 따라 필요한 밝기가 달라진다

관엽식물이 살아가기 위해서는 500~1,000럭스의 밝기가 필요합니다. 이런 정도의 밝기를 하루 8~10시간 유지하는 것이 중요한데, 이는 식물이 시들지 않기 위한 최소한의 조건입니다. 하지만 500~1,000럭스는 겨우 생존할 수 있는 수준으로, 크게 성장하지 않고 현재 상태를 유지할 뿐입니다. 현재보다 더 활발하게 성장시키기를 원한다면 생산지 하우스와 같은 환경인 2~3만 럭스 이상의 밝기가 필요합니다.

다만 이 기준보다 어두운 환경에서도 관엽식물이 자라는 경우가 있습니다. 이는 식물이 주어진 환경에 '적응하는 능력'을 가지고 있기 때문입니다. 관엽식물도 환경에 길들여질 수 있습니다.

움벨라타고무나무는 약 500럭스 정도의 낮은 밝기에서도 잘 자라므로, 빛이 부족한 방 한쪽 구석에서도 큰 문제 없이 키울 수 있습니다. 햇볕이 잘 드는 곳에 있는 식물에 비해 활력은 다소 떨어지지만, 주어진 환경에 잘 적응하기 때문에 건강하게 자랍니다.

☑ 체크할 사항

식물에게 하루에 필요한 밝기는?

◎ 시들지 않게 유지하려면

→ 500~1,000럭스의 빛을 8~10시간 비춘다

(하루에 총 5,000럭스가 기준)

◎ 성장시키려면

→ 2~3만 럭스 이상의 빛을 8~10시간 비춘다

조명을 받는 정도에 따라 생육 상태가 다른 예

같은 알리고무나무라도 조명에 가까운 부분은 빛을 충분히 받아 잎이 무성한 반면, 먼 쪽은 잎의 수가 적은 모습이 뚜렷하게 나타납니다. 이처럼 조명을 받는 정도에 따라 성장 속도에 분명한 차이가 생깁니다.

어두운 환경에서도 잘 시들지 않는 식물을 개발

관엽식물이 환경에 적응하는 성질이 있다고 해도, 갑자기 어두운 방으로 옮기면 시들 위험이 높아집니다.

따라서 빛이 부족한 환경에서도 잘 자랄 수 있도록 어두운 곳에 적응한 관엽식물을 선택하는 것이 바람직합니다. 제가 운영하는 cotoha에서는 어두운 실내 환경에도 잘 적응하여 시들지 않는 식물을 제공하기 위해, 생산자 및 연구 기관과 협력하여 대응 방안을 마련하고 있습니다. 그리하여 진행 중인 연구를 소개합니다.

실험 1 식물이 어두운 환경에 적응한다는 것을 보여주는 실험

식물의 종류	빛의 조건	최대 광합성 속도	광 보상점		암호흡 속도
		μmol m^{-2} s^{-1}	μmol m^{-2} s^{-1}	lx	μmol m^{-2} s^{-1}
뱅갈고무나무	적응시킨 경우	3.07(0.97)	15.8(6.6)	1,069lx	0.29(0.12)
	일반적인 관엽식물	4.69(0.72)	22.1(3.2)	1,635lx	0.53(0.06)
움벨라타고무나무	적응시킨 경우	2.24(0.54)	8.3(1.5)	614lx	0.14(0.02)
	일반적인 관엽식물	3.36(0.49)	14.2(3.3)	1,051lx	0.32(0.08)
벵골보리수	적응시킨 경우	2.27(0.80)	2.8(0.5)	207lx	0.12(0.04)
	일반적인 관엽식물	4.04 (1.71)	9.6(4.4)	710lx	0.47(0.07)

협력 : 교토 공예섬유대학 한바 유코(半場 祐子) 교수

피쿠스(Ficus) 계열 식물(벵갈고무나무, 움벨라타고무나무, 벵골보리수)을 3주간 차광해서 관리했더니, 광 보상점(총광합성량과 호흡량이 같아 순광합성량이 0이 되는 빛의 강도)이 모두 400~500럭스 수준까지 낮아진 것으로 나타났다. 어두운 곳에도 적응하고 있다는 것을 보여준 실험이다.

실험 2 관엽식물의 형태를 유지할 수 있는 조도와 시간을 나타낸 실험

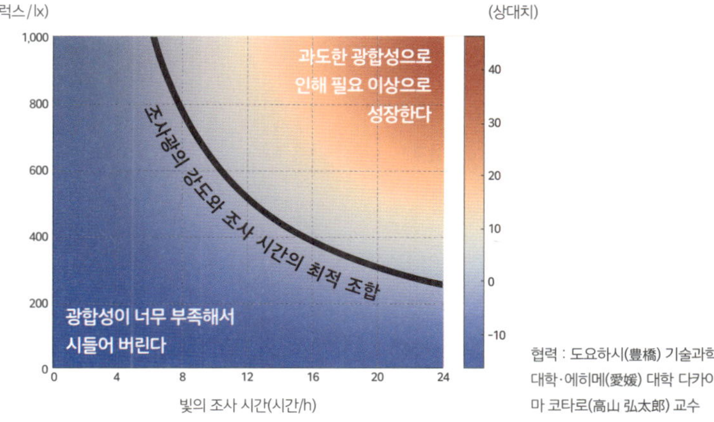

협력 : 도요하시(豊橋) 기술과학대학·에히메(愛媛) 대학 다카야마 코타로(高山 弘太郎) 교수

식물이 아름다운 형태를 유지하기 위해 필요한 빛의 강도와 빛을 조사하는 시간과의 관계를 보여주는 실험이다. 식물이 성장도 쇠퇴도 하지 않는 환경 조건을 수치화하면, 성장을 통제하기 위한 기준 지표로 활용할 수 있다.

한여름의 직사광선을 쬐지 않는다

너무 강한 빛은 잎이 타는 원인

빛은 관엽식물에 꼭 필요하지만, 밝으면 밝을수록 좋은 환경이라는 뜻은 아닙니다. 특히 '한여름의 직사광선'은 관엽식물이 아주 싫어합니다.

일본 오키나와에서 본래 가로수로 자라던 인삼벤자민은 한여름의 쨍쨍한 직사광선에도 잘 견뎠을 것입니다. 하지만 관엽식물로 실내에서 재배되는 인삼벤자민은 강한 직사광선을 받으면 잎이 타거나 시들어 버립니다.

이는 P36~39에서도 설명했듯이 '성장 과정'의 차이에서 비롯된 것입니다. 원래 10만 럭스나 되는 강한 햇빛 아래에서 광합성을 하며 쑥쑥 자라던 식물을, 빛을 차단해 그 5분의 1 수준인 약 2만 럭스의 낮은 조도에서 적응시킨 것이 바로 '관엽식물'입니다. 이처럼 어두운 실내에서도 광합성을 하며 살아갈 수 있도록 길들이는 과정에서 오히려 강한 빛을 싫어하는 성질이 생긴 것입니다.

관엽식물을 '시들지 않게 키우는 법칙'으로, 한여름의 직사광선을 피해야 한다는 점을 기억해두시기 바랍니다.

계절과 지역에 따라 밝기가 변한다

사계절이 뚜렷한 곳에서는 계절의 변화에 따라 빛의 강도가 달라집니다.

일본의 경우 맑은 날의 조도가 봄과 가을에는 5만 럭스, 여름에는 10만 럭스, 겨울에는 3만 럭스 정도입니다. 다만 지역에 따라 차이가 있어 일률적으로 말하기는 어렵습니다. 예를 들어 일본 홋카이도·오키나와는 여름과 겨울의 조도와 기온에서 뚜렷한 차이를 보입니다.

계절뿐만 아니라 한여름의 직사광선처럼 조도가 10만 럭스에 달하는 강한 빛 아래에서는 관엽식물의 잎이 탈 수도 있다는 점을 기억해두세요.

사계절에 따라 변하는 조도의 기준

봄 5만 럭스	여름 10만 럭스
가을 5만 럭스	겨울 3만 럭스

각 계절의 야외 밝기의 기준이다. 창가에 직사광선이 닿는 곳은 이 정도의 조도가 된다.

특히 치명적인 한여름의 직사광선

관엽식물은 한여름의 강한 햇볕을 받으면 불과 1~2시간 만에 잎이 타고 변색될 수 있습니다. 안타깝게도 한 번 타버린 잎은 조직이 파괴되어 원래 상태로 회복되지 않습니다. 최근에는 기후 변화의 영향으로 장마가 끝난 후에도 햇빛이 너무 강한 날이 많아졌습니다. 지역에 따라서는 6월 하순부터 9월경까지 강한 햇볕을 쬐지 않도록 주의해야 합니다.

차광 포인트

햇빛이 강해지는 계절에는 직사광선을 차단하기 위한 대비가 필요합니다. 더운 시즌이 시작되기 전에 미리 차광 계획을 마련해두는 것이 좋습니다.

여름철에는 실내 깊숙한 곳으로 이동

햇빛이 잘 드는 창가에서 키우는 관엽식물은 실내에 있어도 직사광선을 받는 경우가 많습니다. 따라서 빛이 강한 여름철에는 식물을 실내 안쪽으로 이동시켜 빛의 양을 조절하는 것이 좋습니다.

블라인드나 커튼으로 차광

창가에 둔 식물을 옮기기 어렵다면 블라인드나 커튼을 이용해서 직사광선이 직접 닿지 않도록 해주세요. 완전히 차광하지 말고 빛이 은은하게 들어오도록 조절해서 부드러운 빛을 받을 수 있게 하는 것이 좋습니다.

※ 블라인드일 경우에는 반쯤 열어 두고, 커튼일 경우에는 레이스나 얇은 재질을 사용

식물 주변에
바람이 잘 통하게 해서
병을 예방한다

동영상도
체크!

[cotoha의 YouTube]

통풍이 잘되는 실내에서 식물도 사람도 건강하게

식물을 키우는 데 물과 빛은 필수 요소로 잘 알려져 있지만, 바람은 간과되는 경우가 많습니다. 매장에서는 물과 빛에 대한 질문은 자주 받지만 바람에 대한 질문은 거의 없습니다. 자칫 간과하기 쉽지만 바람은 식물에게 상당히 중요합니다. 적당한 바람이 흐르는 공간은 식물이 병에 잘 걸리지 않는 건강한 환경을 만들어 줍니다. 식물의 질병은 80% 이상이 곰팡이나 박테리아에 의해 발생하는데, 이들은 바람이 잘 통하지 않는 곳에서 쉽게 번식합니다. 따라서 식물 주변에 바람이 잘 통하도록 해주기만 해도 질병 예방에 상당한 효과를 기대할 수 있습니다.

이상적인 방법은 창문을 열어 자연의 바람이 들어오도록 환기하는 것입니다. 다만 계절이나 날씨로 인해 창문을 열기 어렵거나 통풍이 잘되지 않는 실내에서는 서큘레이터를 활용하는 것이 좋습니다.

공기 순환은 사람의 건강에도 꼭 필요합니다. 환기하지 않고 밀폐된 방에만 머무는 것보다 상쾌한 바람이 드나드는 곳이 사람과 식물 모두에게 공통적으로 더 건강하다는 점은 분명한 사실입니다.

실내에 바람이
잘 통하도록 한다

식물이 쾌적한 환경에서 자랄 수 있도록
꼭 필요한 바람이 잘 통하게 해주세요.
그러면 식물과 사람 모두에게 건강한
실내 환경이 됩니다.

에어컨 바람과 다른 점은?

에어컨 바람은 '건조한 바람'입니다. 사람이 에어컨
바람을 오래 쐬면 피부가 건조해지고 거칠어지듯, 식
물의 잎도 표면이 바삭하게 마를 수 있습니다. 반면
서큘레이터는 실내 공기를 순환시키기 위해 바람을
일으키는 것이므로, 이런 점에서 차이가 있습니다. 공
기가 건조한 겨울철에는 가습을 위해 잎에도 물을 충
분히 주는 것이 중요합니다.

바람이 잘 통하면 좋은 점

◎ 정체된 공기를 개선

◎ 곰팡이와 박테리아 발생을 억
 제하고, 식물을 질병으로부터
 보호

◎ 잎 주변에 바람이 잘 통하면,
 기공의 개폐가 원활해져 식물
 의 호흡이 활발해진다

하루 1회 이상 충분히 환기를

하루 1회 이상, 적어도 10분 정도 창문을 열어 신선
한 공기가 순환되도록 해주세요. 이렇게 하면 식물은
물론, 사람의 건강과 감기 예방에도 도움이 됩니다.
다만 추운 계절이거나 창문이 적은 방에서는 공기 순
환이 어려울 수도 있습니다. 이럴 때는 서큘레이터를
사용하여 실내에 공기가 구석구석 잘 흐르도록 해주
는 것이 좋습니다.

서큘레이터로 산들바람 만들기

공중으로 바람을 보내, 식물 주변의 공기 전체를 순환시킨다

서큘레이터를 식물과 조금 떨어진 곳에 두고 공중을 향해 바람을 보내면, 식물 주변의 공기가 전체적으로 순환됩니다. 이때 바람의 강도는 '산들바람'처럼 잎이나 가지가 부드럽게 흔들릴 정도로 조절하는 것이 좋습니다.

잎의 뒷면에도 부드럽게 바람을 쐰다

식물의 호흡과 증산을 담당하는 기공은 대부분 잎의 뒷면에 있습니다. 따라서 바람이 잎의 뒷면에 닿도록 풍향을 조절하면, 식물의 활동이 활발해져 더욱 생기 있고 건강하게 자랄 수 있습니다.

구석은 공기가 정체되기 쉽다

식물에게 큰 위협이 되는 곰팡이와 박테리아는 공기가 정체되거나 한곳에 오래 머물러 있을 때 쉽게 발생합니다. 이로 인해 식물은 건강하게 자라지 못하고, 병해충이 쉽게 생기는 악순환에 빠질 수 있습니다. 이런 상황을 예방하기 위해서는 실내 공기가 정체되지 않도록 전체적으로 순환시켜 주는 것이 중요합니다.

주거 공간에 창문이 두 개 있어도 공기는 한 방향으로만 흐르는 경우가 많습니다. 특히 공기기 정체되기 쉬운 구석 부분은 코너용 인테리어 식물을 배치하기 좋은 장소이므로, 서큘레이터를 사용해서 공기가 구석구석까지 고르게 순환되도록 하는 것이 중요합니다.

구석에는 공기가 정체되어 있다

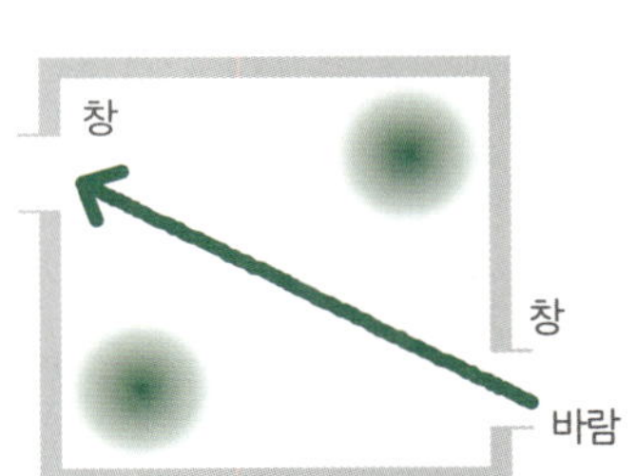

기분 좋은 공기는 식물뿐만 아니라 사람에게도 꼭 필요하다

식물이 잘 자라는 방은 사람에게도 쾌적하다

지금까지 관엽식물을 키우기 위한 기본 요소인 물, 빛, 바람, 3가지 요소에 대해 살펴보았습니다. 이론을 이해했다면 관엽식물과 잘 지낼 수 있으리라 생각합니다.

현대인들은 하루 평균 70~80%의 시간을 실내에서 보냅니다. 식물을 실내에 두기만 해도 이산화탄소 농도가 낮아지며, 여기에 바람을 의도적으로 통하게 하면 식물과 사람 모두에게 질병 걱정 없이 쾌적하고 청결한 공간에서 지낼 수 있습니다.

또 식물의 녹색은 눈의 피로를 풀어주고, 자율신경계 중 부교감신경을 자극해 휴식을 도와줍니다.

많은 시간을 보내는 실내에 관엽식물을 두면, 기르는 즐거움은 물론 인테리어가 한층 멋스러워지고, 건강한 생활을 하는 데도 도움이 됩니다. 여기서는 식물의 활동에 한 걸음 더 다가가, 식물이 사람의 생활에 어떻게 도움을 주는지 구체적으로 살펴보겠습니다.

식물이 바로 환경의 바로미터

실내 공기가 정체되거나 지나치게 건조해서 사람에게 스트레스를 주는 환경은, 마찬가지로 식물에게도 스트레스를 유발합니다. 식물은 스스로 쾌적한 장소로 이동할 수 없기 때문에 환경의 영향을 더 직접적으로 받기 쉽습니다.

이 책의 첫머리에서 '당신을 대신해 식물이 시들고 있다'(P22)고 한 것이 바로 그런 의미입니다. 식물은 어려운 환경에 놓였을 때 스스로를 희생하며 그 상태를 경고하듯 신호를 보냅니다. 그런 신호를 무시하고 일방적으로 식물에게서 혜택을 받으려고만 한다면, 식물의 수명만 짧아질 뿐 아무 것도 얻지 못합니다.

식물이 있는 풍요로운 삶을 누리려면, 우선 식물이 스트레스를 받지 않는 환경을 조성하는 것이 중요합니다.

좋은 환경을 만들기 위해 주의할 점

① 습도

관엽식물의 성장에 가장 적합한 습도는 40~60%로, 이는 사람이 쾌적하게 지낼 수 있는 습도와 같습니다. 겨울철 난방으로 인해 건조해진 실내와, 여름철의 높은 습도는 식물과 사람 모두에게 힘든 환경으로 문제를 일으킬 수 있습니다.

② 온도

사람이 지내기 좋은 20℃ 전후의 온도는 실내에서 자라는 관엽식물에도 쾌적한 환경입니다. 관엽식물은 겨울철에는 10℃ 이상, 여름철에는 30℃ 이하의 온도에서는 견딜 수 있지만, 급격한 온도 변화에 취약하므로 주의가 필요합니다.

☞ 온도 변화에 대하여 … P96~99

③ 환기

공기가 정체되지 않고 잘 순환하는 실내에서는 곰팡이와 박테리아 발생이 억제되어 식물이 건강하게 자랄 수 있습니다. 이는 사람의 건강에도 큰 도움이 되며, 환기 부족에 따른 집중력 저하와 졸음을 예방하는 효과도 있습니다.

식물의 활동과 사람에 대한 영향 이해하기

광합성

식물은 밝은 곳에서 잎으로 빛 에너지를 흡수하고, 이를 이용해 포도당(전분) 등의 영양분을 만듭니다. 이때 산소도 함께 배출합니다.

호흡

식물은 어두운 곳에서는 광합성을 하지 않고, 대신 호흡을 통해 산소를 흡수하고 이산화탄소를 배출합니다. 이러한 호흡 작용은 밤뿐만 아니라 낮에도 계속 이루어집니다.

증산

식물은 잎의 기공을 통해 잎과 내부에 쌓인 수분을 배출합니다. 이때 발생하는 기화열은 식물 자신의 온도를 조절하는 역할도 합니다.

사람에게 이로운 점

◎ 광합성에 의해 실내 이산화탄소 농도는 감소하고 산소 농도는 증가한다

◎ 증산 작용에 의해 물을 수증기 형태로 배출하므로 실내 습도가 높아진다

시들지 않게 키우기 위한 돌봄 도구

물 주기 도구

영국 정원사들에게 사랑받아 온 클래식한 물뿌리개. 주둥이가 길어서 물 주기가 쉽다.
「Classic Metal Indoor can 1ℓ(graphite)」HAWS

노즐이 길어서 빽빽한 잎에 물을 고르게 분사
할 수 있어 편리
「롱 미에르(블랙)」FURUPLA

직선 라인이 아름다운 단순한 디자인의 스틸 물뿌리개. 주둥이가
길어 물이 잘 넘치지 않는 구조
「스틸 소재 워터링 캔 800ml (왼쪽·코퍼 브라운 / 오른쪽·앤틱
블랙)」GREEN STUDIO

귀여운 디자인으로 인테리어 소품에 잘 어울리는 스테인리스 소
재의 피처. 주둥이가 가늘어 물 주기가 편리
「스테인리스 피처 270ml (위·블랙 / 왼쪽·골드 / 오른쪽·실버)」
DULTON

물뿌리개는 주둥이가 가는 타입을 선택

식물에 물을 주는 요령은, 드립커피를 내리듯 가능한 한 가늘
게 천천히 물을 붓는 것이 좋습니다(→ '물 주기' P58 참조). 관
엽식물용 물뿌리개는 샤워 타입보다는 가는 주둥이가 달린 물
주전자 타입을 선택하는 것이 좋습니다.
샤워 헤드를 분리할 수 있는 경우, 헤드를 분리해서 물을 주는
방법도 있습니다.

샤워 헤드를 분리해서
사용한다

흙이나 식물을 만질 때, 분갈이 할 때 꼭 필요한 작업용 글로브로, 선인장처럼 가시가 있는 식물을 다룰 때 손을 보호해주는 역할도 한다.
「BOTANY 워크 로브」DULTON

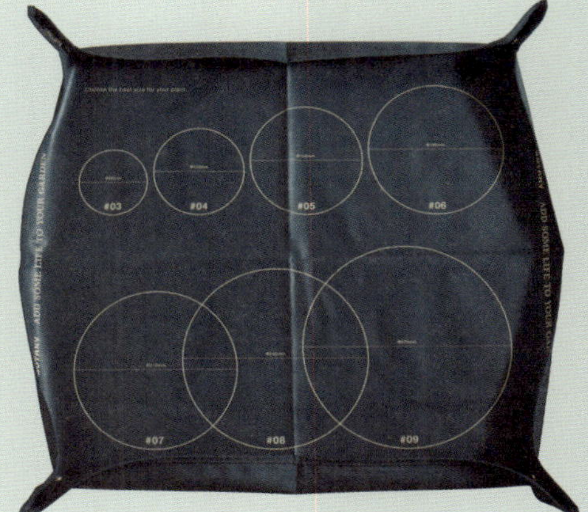

화분 크기가 원형으로 표시된 분갈이 시트. 네 모서리의 스냅 버튼(똑딱 단추)을 잠그면 가장자리가 세워져 흙이 튀는 것을 방지할 수 있다.
「BOTANY 리포트 시트 S」DULTON

분갈이할 때 꼭 필요한 스쿠프. 키우고 싶은 식물과 화분 크기에 맞는 제품을 선택하면 된다.
우측 위 「핸드 트로웰」, 좌측 위 「미니 트로웰」, 아래 「알루미늄 스쿠프 M」 모두 DULTON 제품

탁상 미니 브러시와 쓰레받기 세트로, 분갈이 작업 시 흩어진 흙을 모으는 데 사용한다.
「미니 브러쉬 & 트레이」주식회사 바지

전지가위와 원예용 작은 자재들은 종류별로 정리해서 박스에 수납
「T-Type 도구 상자」Niwaki

도구류 수납 박스

가죽 손잡이. 가벼워서 손쉽게 사용할 수 있는 손바닥 크기의 가지치기 가위.
「미니 전지가위」Niwaki

입체적인 디자인의 그립감이 좋은 알루미늄 핸들로, 자르는 느낌이 안정적이다.
「주말 전지가위」Niwaki

전지가위 전용 주머니로, 작업할 때 휴대하기 쉽다.
「전지가위 주머니」Niwaki

클래식한 디자인의 강철 전지가위. 가벼운 전지 작업이나 손질할 때 사용
「히구라시 가위」Niwaki

튼튼한 캔버스 천으로 되어 있어, 끝이 뾰족한 가위를 그대로 수납할 수 있다. 허리 벨트에 연결하여 휴대할 수 있어 편리.
「캔버스 홀스터」Niwaki

시들지 않고
오랫동안 건강하게
키울 수 있는 이론

관엽식물을 매일 마주하다 보면,

그 대상이 점점 사랑스럽게 느껴지기 시작합니다.

가능하면 오래 곁에 머무르며,

건강하고 생기 있는 모습을 오래 간직해주기를 바라게 되죠.

그런 생각, 누구나 한 번쯤 하게 되지 않을까요?

그래서 이번 PART에서는,

관엽식물을 오래도록 건강하게 키우기 위한

이론을 소개해드리겠습니다.

급격한 온도 차는 식물에 치명적이다

단 하룻밤 사이에도 시들 수 있다

관엽식물이 특히 스트레스를 받는 원인은 '급격한 온도 변화'입니다. 빛이나 물이 부족한 것보다 훨씬 더 빨리 식물을 시들게 만드는 요인임을 저는 절실하게 느낀 적이 있습니다.
이런 사실을 제대로 알지 못해 시들게 했다는 경험담도 자주 들었습니다.
특히 주의해야 할 곳은 추운 계절의 창가입니다. 햇빛이 잘 들어 관엽식물을 놓아두기 좋은 자리이지만, 낮에는 따뜻한 햇살이 들다가도 밤이 되면 기온이 급격하게 떨어지기 때문입니다. 실내는 난방으로 따뜻하게 유지되더라도, 창가는 외부 온도와 거의 비슷해서 0℃ 가까이 내려가는 경우도 있습니다. 햇빛이 내리비치는 낮과 비교하면 밤에는 약 15℃의 기온 차이가 발생기기도 합니다.
온도가 급격히 변하면 사람이 감기에 걸리는 것처럼, 식물도 상태가 나빠지고 최악의 경우 하룻밤 사이에 시들어 버릴 수 있습니다.
원래 관엽식물은 어느 정도 추위와 더위를 견디며 살아갈 수 있을 만큼 강한 생명력을 지니고 있지만, 급격한 온도 변화에는 잘 견디지 못하니 이 점을 꼭 기억해주세요.

적정 온도는 15~25℃,
동절기에는 특히 주의!

관엽식물은 원래 1년 내내 따뜻한 지역에서 자라던 식물입니다.
사계절이 뚜렷한 나라에서는 따뜻한 온도를 일정하게 유지하기
어렵지만, 식물이 있는 공간의 온도를 10~30℃ 범위 내로 유지
하면 대부분 문제없이 잘 자랍니다. 식물은 어느 정도의 추위나
더위에도 적응할 수 있는 생명력을 가지고 있기 때문입니다.
다만 관엽식물은 온도 변화에 상당히 민감하므로 이런 점을 주
의해서 관리하는 것이 좋습니다.

시들지 않게 키우는
온도 관리의 포인트

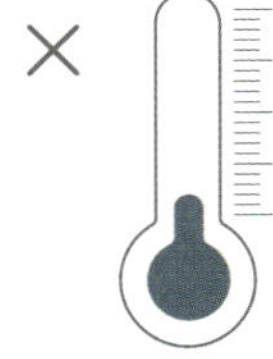

①
**일교차가 큰 장소에
두지 않는다**

일교차는 관엽식물에 상당한 스트레스로 작
용합니다. 특히 겨울철에는 밤낮의 기온 차가
커지기 쉬우므로 주의해야 합니다. 낮에는 따
뜻하지만 일교차가 큰 창가나 현관 같은 장소
에는 식물을 두지 않는 것이 좋습니다.

②
**10℃ 이하로 내려가는 환경을
최대한 피한다**

관엽식물은 어느 정도의 추위에는 견딜 수 있
지만, 기온이 10℃ 이하로 내려가면 약해질
위험이 큽니다. 식물의 수명을 유지하기 위해
서라도 추운 시기에는 10℃ 이상을 유지할 수
있는 곳에 두는 것이 좋습니다.

빛보다 우선해야 할 것은 온도

관엽식물은 환경 변화에 상당히 예민하게 반응합니다. 따라서 한 번 자리를 정했다면 자주 옮기지 않는 것이 좋습니다.

다만 '온도 차'와 '장소 이동' 중 어느 쪽이 더 큰 영향을 미치는지 비교해보면 이야기가 달라집니다. 제 경험으로 보면 식물에게는 '온도 차'가 훨씬 더 치명적인 영향을 줄 가능성이 큽니다. 따라서 다소 빛이 부족하더라도 온도를 우선해서 관리해야 합니다.

추운 시기에는 낮 동안 햇볕이 잘 들고 따뜻한 창가에 두었다가, 기온이 떨어지는 밤부터 아침까지는 난방이 잘되는 따뜻한 거실로 옮겨서 온도 차이가 크지 않도록 관리해야 합니다.

같은 거실 내에서도, 낮에는 창가에 두었다가 밤에는 방 안쪽으로 옮겨서 한기를 피하는 방법도 좋습니다.

추운 시기에도 식물에게는 빛이 필요하다. 창가의 기온이 10℃ 이하로 내려가지 않고 밝고 따뜻하다면, 낮 시간에만 창가에 두어도 된다.

창가의 기온이 크게 떨어지는 저녁에는 난방이 잘 되는 방 안쪽으로 옮겨서, 낮 시간의 창가와 온도 차가 너무 크지 않도록 주의해야 한다.

휴면기의 변화에
당황하지 않는다

동영상도
체크!

[cotoha의 YouTube]

겨울이라고 해서 휴면기는 아니다

관엽식물에는 '생육기'와 '휴면기'의 두 가지 시기가 있습니다.
휴면기에 접어들면 식물의 성장이 멈추기 때문에 얼핏 보면
시든 것처럼 보여 당황할 수 있습니다.

하지만 걱정하지 않아도 됩니다. 저온 환경에서 식물이 생육
을 멈추는 것은 자연스러운 현상이기 때문입니다. 종류에 따
라 차이가 있지만 대체로 기온이 15℃ 이하로 내려가면, 잎
이 빠르게 자라거나 새싹이 돋아나는 등의 생육기에 나타나
는 활동이 모두 멈추게 됩니다. 기온이 10℃ 이하로 내려가
면 잎이 누렇게 변하거나 낙엽이 지는 등 식물은 동면 상태
에 들어갑니다.

반면 겨울에도 기온이 15℃ 이상인 지역이나, 아파트처럼 기
밀성이 높은 건물 실내의 따뜻한 환경에서는 식물이 일 년
내내 생육기 상태를 유지할 수 있습니다. 이런 경우에는 여
름보다 물 주기를 더 자주 해야 할 수도 있습니다.

즉 겨울이라고 해서 전국 모든 식물이 일률적으로 휴면기에
들어가는 것은 아닙니다. 먼저 식물에 휴면기가 존재한다는
사실과, 그 시기를 어떻게 구분할 수 있는지 살펴보겠습니다.

휴면기에 접어들었는지 여부는 새싹의 성장 유무로 확인

휴면기인지 여부를 확인하려면 가지(또는 줄기) 끝에 있는 새싹을 살펴봐야 합니다. 새싹이 돋고 새로운 잎이 나오는 시기가 생육기입니다. 반대로 성장이 없는, 즉 새싹이 있어도 새로운 잎이 자라지 않는 상태라면 휴면기입니다.

식물이 휴면기에 들어서면 먼저 새싹의 성장이 멈추고, 이후 기온이 더 내려가면 잎이 누렇게 변하거나 떨어지는 등 변화가 나타나기 시작합니다.

막상 휴면기에 들어간 식물의 변화를 보면, 당황해서 뭔가 조치를 취하려고 하는 사람들이 많습니다. 하지만 우선은 침착하게 식물의 새싹 상태를 며칠 동안 관찰해보는 것이 좋습니다.

☑ 체크할 사항

휴면기에 일어나는 일

◎ 새싹은 있지만 성장하지 않고 정지된 상태다

◎ 잎이 노랗게 변한다

◎ 잎이 떨어진다

◎ 식물이 물을 흡수하는 양이 줄어든다

새싹은 있지만 성장이 멈췄다면 휴면기

움벨라타의 새싹. 휴면기에는 이처럼 갈색 껍질로 덮여 있는 경우도 있다.

왼쪽 사진의 껍질 속 모습. 새싹은 존재해도 성장이 멈춘 것이 생육기와 다른 점이다.

새싹이 잎의 형태를 갖추고 하루하루 눈에 띄게 자라는 시기가 생육기다.

휴면기에는 잎이 떨어진다

잎이 완전히 떨어진 움벨라타. 외관은 앙상해 보이지만, 이는 휴면기에 나타나는 자연스러운 변화일 뿐 시든 것은 아니다.

생육기에는 잎이 무성하다

기온이 올라가면 새싹이 돋고 잎이 새롭게 펼쳐지면서, 다시 건강한 모습으로 생기를 되찾는다!

MEMO

겨울에도 생육하는 식물이 늘어나고 있다

겨울에도 하루 종일 난방이 가동되어 실내 온도가 15℃ 이상으로 유지되면 관엽 식물은 휴면기에 들어가지 않습니다. 최근에는 기밀성이 높은 아파트나 주택이 늘어나면서, 일 년 내내 휴면기 없이 생육하는 식물이 점점 늘어날 것으로 예상됩니다.

휴면기는 식물에 꼭 필요한 과정이 아니므로, 겨울에도 건강하게 자라고 있다면 생육기와 마찬가지로 관리해도 됩니다.

휴면기에는
물을 최소한으로

물 주기 실패가 많아지는 휴면기

[THEORY 016]에서 관엽식물이 휴면기에 들어갔는지 판단하는 방법을 설명했으므로, 이제 구분할 수 있을 것입니다. 이번에는 휴면기 동안 특히 실수가 잦은 물 주기 방법에 대해 알아보겠습니다.

흔히 하는 실수 중, 잎이 떨어지거나 노랗게 변한 모습을 보고 식물이 기운이 없어 보인다고 판단해, 무심코 물이나 비료를 평소보다 더 많이 주는 경우가 있습니다. 하지만 이것은 절대로 해서는 안 되는 행동입니다. 휴면기에는 오히려 그 반대로, 물을 최소한으로 주고 비료는 기본적으로 주지 않아야 합니다. 휴면기에 물이나 비료를 너무 많이 주면 뿌리가 썩는 등 문제가 생겨 식물이 시들어 버리는 경우가 많기 때문입니다.

다만 그 식물이 정말 휴면기에 들어갔는지를 잘 살펴봐야 합니다. 일반적으로 '겨울(한랭기)에는 물을 적게 준다'고 하지만, 앞서 설명했듯이 겨울이나 한랭기라고 해서 반드시 식물이 휴면기에 들어가는 것은 아닙니다. 정확하게는 '휴면기인지 확인한 후 물을 적게 준다'는 점을 기억해두는 것이 좋습니다.

휴면기에 많이 발생하는 뿌리 썩음을 막는다

휴면기에 들어간 관엽식물은 뿌리로부터 물을 거의 흡수하지 않습니다. 따라서 이 시기에 평소와 같은 양의 물을 주면 '뿌리 썩음'이 발생할 확률이 상당히 높습니다.

다만 물을 거의 흡수하지 않더라고 식물이 살아있기 때문에 흙이 완전히 말라 뿌리가 건조해지면 시들 수 있습니다. 따라서 흙이 너무 마르지 않게 하면서도 물을 많이 주지 않도록 주의해야 합니다. 다소 어렵게 느껴질 수도 있지만, 다음에 나오는 핵심 요령만 잘 이해하면 의외로 쉽게 실천할 수 있습니다. 요령을 참고하여 휴면기 물 주기의 실수를 예방해보세요.

휴면기의 물 주기 요령

POINT 1

물 주기 빈도

흙이 건조해지는 속도에 맞춰 물을 준다

물을 주는 타이밍은 생육기와 마찬가지로, 화분 속 흙의 중심부가 말랐는지를 기준으로 판단합니다. 말랐다면 물을 충분히 줍니다.

다만 휴면기에는 흙의 건조 상태가 생육기와는 확연히 다릅니다. 뿌리의 수분 흡수량이 크게 줄어들기 때문에, 흙이 마르는 속도가 생육기에 비하면 훨씬 느려집니다.

따라서 물 주기는 '며칠에 한 번'처럼 일률적으로 정하지 말고, 흙의 건조 상태에 맞춰 조절해야 합니다.

물의 온도

식물도 감기에 걸릴까?
찬물 대신 미지근한 물을 사용

추운 시기에 휴면기에 들어간 식물에게 너무 차가운 물을 주면 큰 스트레스를 줄 수 있습니다. 사람도 추위에 오래 노출되면 감기에 걸리는 것처럼, 식물도 지나치게 낮은 온도에 노출되면 저온 장애가 발생해 약해질 수 있습니다.

물의 적정 온도는 20도 전후입니다. 수도꼭지에서 나오는 물을 손으로 확인해 뜨겁지도 차갑지도 않은 미지근한 물을 주는 것이 좋습니다.

물을 주는 시간대

물 주기는 기온이 오르기 시작하는
오전에 하는 것이 좋다

애써 20℃ 전후의 미지근한 물을 주어도, 주고 나서 물이 금세 차가워지면 소용이 없습니다. 따라서 기온이 오르기 시작하는 오전 시간대에 물을 주는 것이 좋습니다.

저녁이나 야간, 이른 아침에 물을 주면 금세 차가워질 수 있고, 기온이 낮은 날에는 얼어 버릴 위험도 있으므로 이 시간대에는 물 주기를 피하는 것이 좋습니다.

가지치기를 통해 식물을 계속 건강하게 키우기

[cotoha의 YouTube]

제멋대로 자라게 두면 식물의 건강을 해칠 수 있다

가지치기(잎 자르기)는 관엽식물이 건강하게 자라기 위해 꼭 필요한 관리 방법 중 하나입니다.

식물이 애써 잎과 가지를 무성하게 펼치고 있을 때, 이를 잘라내는 것이 '불쌍하다'거나 '아깝다'고 생각해 망설이는 경우가 많습니다. 하지만 실제로는 전지를 하지 않는 것이 오히려 식물에게 문제가 될 수 있습니다.

잎이 너무 무성해지면 잎과 잎 사이로 공기가 잘 통하지 않아 습기가 차고, 겹겹이 쌓인 잎의 안쪽까지 햇빛이 잘 닿지 않게 됩니다. 그 결과 병해충이 생기기 쉬워 건강한 생육이 어려워질 수 있습니다.

개나 고양이 같은 소중한 반려동물이 트리밍을 통해 깔끔하게 관리되는 것처럼, 식물을 건강하게 키우기 위해서는 가지치기가 꼭 필요합니다. 반려동물의 트리밍보다 훨씬 간단하므로 어렵게 생각할 필요가 없습니다.

건강하게 기르기 위한 목적 외에, 보기 좋은 수형을 만들거나 처음 구입했을 때의 크기를 유지하기 위해서도 가지치기는 필요합니다. 가지치기 기술은 파고들면 생각보다 심오한 세계입니다. 첫 단계로 먼저 '솎아내기'부터 시작해보겠습니다.

가지치기는 왜 필요할까?

◎ 통풍이 잘되고 햇빛이 고루 들
　도록 한다

◎ 병해충이 번식하기 어려운 환
　경을 만든다

◎ 새로운 싹과 잎이 잘 돋아나도
　록 돕는다

◎ 가지와 잎의 균형을 맞춰 보기
　좋은 형태로 가꾼다

가지치기를 시작하기 전에

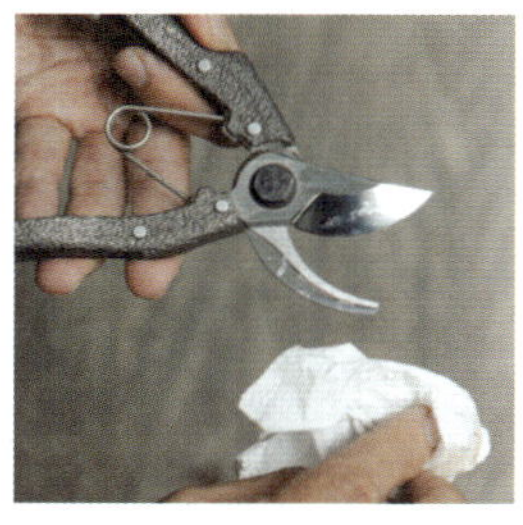

체크할 사항

도구류는 청결한가?

가지치기를 할 때는 식물의 가지나 줄기의 절단면을 통해 세균이 침입할 수도 있습니다. 전지가위의 날에 알코올을 뿌리고 키친타올 등으로 깨끗이 닦아 청결하게 한 후 사용하세요.

체크할 사항

가지치기할 식물이 생육기인가?

가지치기는 새싹이 움트는 생육기에 실시합니다. 휴면기에 실시하면 시들어 버릴 수도 있습니다. 생육기와 휴면기에 대한 구분은 P100~103을 참고하시기 바랍니다.

너무 무성하면 솎아내기로 깔끔하게 정리한다

너무 무성하게 자라면 식물의 건강에 오히려 좋지 않습니다. 1년 동안 가지치기를 하지 않아 무성해진 파키라를 예로 들어, 솎아내기 방법을 알려드리겠습니다.

STEP 1

갈색으로 변한 잎을 제거한다

갈색으로 변한 오래된 잎은 모두 제거해주세요. 피부에 쌓인 오래된 각질을 제거하면 신진대사가 활발해지듯, 식물도 낡은 잎을 제거하면 새잎이 더 잘 자랍니다.

> **POINT**
>
> #### 줄기의 밑동을 자른다
>
> 잎을 제거할 때는 그 잎이 연결된 줄기의 밑동을 잘라 주세요.

STEP 2

밀집된 부분의 잎을 줄여 나간다

잎이 밀집되어 겹쳐진 부분은 하나하나 정성스럽게 솎아내기를 합니다. 너무 많이 솎아냈다는 생각이 들더라도 새잎이 다시 자라니 걱정하지 않아도 됩니다.

> **POINT**
>
> #### 아랫잎부터 자른다
>
> 솎아내기를 할 때는 아래쪽부터 위쪽 방향으로 자릅니다. 잎은 아래쪽에 오래된 것이 많고, 위로 갈수록 새잎이 많아지기 때문입니다.

순지르기를 해서
보기 좋은 형태로
가꾼다

구매 직후의 형태를 유지할 수도 있다

생육기에는 관엽식물이 구입한 지 몇 달 만에 잎이 무성해지고 가지가 뻗으면서 놀라울 만큼 크게 자라기도 합니다. 처음 구입했을 때는 작고 귀여웠던 잎들이 어느새 큼직하고 싱싱한 잎들로 자라서 '처음 봤을 때와 분위기가 달라졌다'고 느끼는 분들이 많습니다.

살아 있는 생물이므로 변하는 것은 어쩔 수 없지만, 모처럼 집 인테리어를 멋지게 꾸미려고 마음에 들어 선택한 식물이 처음 모습 그대로 오래 유지되길 바라는 마음은 누구에게나 자연스러운 일입니다. 더욱이 공간이 한정된 최근의 주택 환경에서는 이러한 기대가 더욱 커지고 있는 것 같습니다.

'너무 커지지 않았으면 좋겠다', '잎은 지금처럼 작은 상태로 유지되었으면 좋겠다'는 바람을 이루기 위해 사용하는 가지치기 기법이 순지르기입니다. 이상적인 수형을 만들기 위해서는 자라는 방향을 정하고 성장점을 남기는 등 몇 가지 유의해야 할 포인트가 있습니다. 어렵지는 않으니 식물이 건강하고 아름다운 모습을 유지할 수 있도록 꼭 한 번 도전해보시기 바랍니다.

수형을 아름답게 가꾸려면

이상적인 수형을 만들기 위한 가지치기 기술을 소개합니다.

가지치기는 새싹의 생육을 촉진해서 낡은 잎과 새잎이 교체되도록 도와주며, 식물의 건강을 유지하는 데도 큰 도움이 됩니다.

POINT 1

순지르기로 성장을 억제한다

새싹이 돋아난 줄기의 밑동 부근을 잘라 생육을 조절하는 기법을 순지르기라고 합니다. 새싹의 수를 줄이면 수형의 과도한 성장을 억제할 수 있습니다. 제멋대로 성장하기 전에 순지르기를 해주는 것이 가장 좋지만, 이미 가로 세로로 많이 퍼졌다면 솎아내기(P108~111)도 함께해 주어야 합니다.

에버프레쉬의 잎과 잎 사이에서 자란 거무스름한 부분이 새싹입니다. 더 이상 자라지 않게 하려면 줄기의 밑동 가까운 부분을 자릅니다.

잘라낸 후의 모습. 순지르기를 한 뒤 시간이 조금 지나면 잎겨드랑이에서 다시 새싹이 돋아납니다. 식물의 균형을 살피면서 생육기에는 순지르기를 주기적으로 해주세요.

POINT 2

성장점을 남겨서 이상적인 수형을 만든다

수형을 바꾸고 싶을 때는 굵은 가지를 잘라야 합니다. 이때 기준이 되는 것이 성장점입니다. 가지 곳곳에 작게 튀어나온 부분이 바로 성장점으로, 이 부위를 남기고 그 위 약 1~2cm를 잘라 주면 새로운 가지가 뻗어 나옵니다.

가지 위에는 여러 방향으로 성장점이 돋아나 있습니다. 이 중에서 나무의 전체적인 균형을 고려해 가지가 뻗어 나가기를 원하는 방향에 있는 성장점 하나를 선택합니다. 이때 성장점에서 20~30cm 위로 새로운 가지가 뻗어 나가는 모습을 상상해보면 방향을 결정하는 데 도움이 됩니다.

성장점의 1~2cm 위에 있는 가지를 잘라주세요. 가지를 자른 후 시간이 조금 지나면 성장점에서 새로운 가지가 뻗어 나옵니다.

가장 길게 뻗은 가지의 성장점을 찾아 짧게 잘라줍니다. 다른 가지들도 전체적인 균형을 살피면서 잘라냅니다.

머리가 큰 수형을 리셋!
잔잎도 늘려 주는 가지치기

관엽식물은 자라면서 퍼져 나가려는 성질이 있기 때문에, 그대로 두면 중심이 위로 쏠리기 쉽습니다. 이 과정에서 영양분이 위쪽으로 집중되면서 잎이 점점 커지고, 결국 식물의 균형이 무너질 수 있습니다. 이때 위쪽 가지를 짧게 잘라내면 영양분이 아래쪽으로도 분산되어 새로운 가지와 작은 잎의 성장을 유도할 수 있습니다.

과도하게 성장해 흐트러진 인도고무나무의 수형을 정리합니다. 화분에 비해 머리가 너무 커 버린 수형과 지나치게 커진 잎을 정리하는 것이 포인트.

여분의 잎도 제거해서 깔끔하게 정리합니다. 갓 자른 가지는 처음에는 다소 허전해 보일 수 있지만, 곧 새 가지가 자라고 작고 귀여운 잎이 풍성하게 돋아납니다. 아름다운 수형으로 자라날 모습을 상상하며 평소처럼 정성껏 돌보면서 기다려 보세요.

반복적인 가지치기로
줄기를 굵게 만든다

가지치기를 하면 위쪽으로만 집중되어 있던 영양분이 아래쪽으로 분산되기 때문에 줄기를 더 굵게 만들 수 있습니다. 가늘고 약했던 가지도 가지치기를 반복하면 굵어집니다.

가지치기를 2회 실시한 파키라. 아래로 내려갈수록 가지치기한 부분이 굵어졌다는 것을 알 수 있습니다.

MEMO

가지치기한
가지를 꺾꽂이로 활용

가지치기한 가지는 꺾꽂이를 통해 번식시킬 수 있습니다. 발근을 촉진하려면 잎의 약 4분의 3을 잘라낸 후 흙이 담긴 화분에 꽂아두면 뿌리를 내리고 새싹이 자라납니다. 생육기에는 번식에 성공할 확률이 높으니 자른 가지를 버리지 말고 꺾꽂이로 활용해보세요.

분갈이를 해주면 식물이 더 건강하게 자라고 오래 산다

증상을 확인한 후 화분 내부 환경을 리셋한다!

가지와 잎이 뻗어나가는 모습을 보면 식물의 외형 변화 과정을 쉽게 알 수 있습니다. 마찬가지로 겉으로는 보이지 않지만 화분 속에서는 뿌리가 조금씩 뻗어 나가고 있습니다.

처음에는 푹신한 흙에 겨우 덮여 있던 뿌리가, 구입한 지 1년이 지나면 화분 속을 빽빽하게 채울 정도로 자라납니다. 뿌리와 흙 사이에 틈이 없을 정도로 가득 차면, 뿌리가 물을 제대로 흡수하지 못해 식물은 생육에 어려움을 겪으며 점점 약해집니다.

이런 상태가 되기 전에 해야 하는 것이 바로 분갈이입니다.

관엽식물과 오래 함께 지내려면 분갈이는 반드시 거쳐야 할 과정입니다. 우선 식물의 상태를 꼼꼼히 살피면서 뿌리가 화분 바닥에서 삐져나오거나 흙이 딱딱하게 굳는 등 분갈이가 필요하다는 신호를 알아차릴 수 있어야 합니다.

다만 뿌리를 건드리는 분갈이는 식물에 큰 스트레스를 줄 수 있습니다. 분갈이로 인해 시들어버릴 위험이 전혀 없는 것은 아니기 때문에, 적절한 시기와 식물의 스트레스를 줄여주는 분갈이 요령에 대하여 알려드리겠습니다.

분갈이의 장점

◎ 식물이 건강하게 성장하도록 돕는다

◎ 뿌리가 펼쳐질 수 있도록 공간을 확보한다

◎ 뿌리에 산소를 공급해준다

◎ 흙이 말라 영양분이 고갈되는 것을 방지한다

분갈이는 반드시 생육기에 실시합니다

새싹과 잎이 무성해지는 생육기에는 뿌리도 함께 성장하기 때문에 분갈이하기 적절한 시기입니다. 반면 휴면기에는 식물이 시들 위험이 크기 때문에 분갈이를 피하는 것이 좋습니다.

적절한 시기를 파악한다

흙이 딱딱해졌을 때

뿌리가 자라면서 흙 사이의 공간을 메우면, 흙 속의 공기가 줄어들어 흙이 딱딱해집니다. 이처럼 딱딱해진 흙에서는 뿌리가 더 이상 자라기 어렵습니다. 손가락이나 젓가락으로 눌렀을 때 잘 들어가지 않을 정도로 단단하다면 분갈이를 해야 할 시기입니다.

뿌리가 화분 바닥의 배수구로 나올 때

화분 속에서 뿌리가 자라다가 더 이상 뻗어나갈 공간이 없으면, 화분 바닥의 배수구를 통해 밖으로 튀어나옵니다. 이는 화분 내부에서 뿌리가 꽉 차 있다는 증거이므로 분갈이를 서둘러야 합니다.

분갈이할 흙을 고른다

혼합토

관엽식물의 생육에 적합하도록 비율을 조절한 흙입니다. 적절한 영양분이 포함되어 있어 식물을 크게 성장시키기에 적합합니다.

코토소일(무기질 흙)

관엽식물을 키우기 위해 cotoha가 독자적으로 개발한 세라믹 소재 흙입니다. 초파리 같은 벌레가 잘 생기지 않아 식물을 청결하게 키우고 싶은 분들에게 적합합니다. 무기질 소재이므로 영양분은 함유되어 있지 않습니다.

분갈이 방법 ①
: 오래된 흙을 새 흙으로

식물을 성장시키기 위해서는
한 단계 큰 화분에 옮겨 심는 것이 중요합니다.
반대로 현재의 형태를 그대로 유지하고 싶다면,
같은 화분에 흙만 새로 갈아주는 것도 좋은 방법입니다.

① 화분에서 꺼낸다

식물을 화분에서 흙이 붙은 상태로 꺼냅니다.

② 흙을 털어낸다

뿌리 주변에 붙어 있는 오래된 흙을 뿌리에 손상이 가지 않도록 손으로 부드럽게 풀어서 털어냅니다.

③ 밑돌을 깐다

배수를 좋게 하기 위해 화분 바닥에 돌을 깔아 줍니다.

④ 흙을 넣는다

흙을 화분 높이의 절반 정도까지 채웁니다.

> 분갈이 후에는 식물의 형태가 허물어질 수 있으니, 1~2주 동안 꼼꼼하게 관찰해 주세요.

⑤ 식물을 심는다

식물을 똑바로 세워 들고, 주변에 흙을 부드럽게 덮어 줍니다.

⑥ 공기를 뺀다

막대기나 나무젓가락을 부드럽게 흙에 꽂아 흙 속의 공기를 빼냅니다. 이때 뿌리를 건드리지 않도록 주의합니다.

⑦ 흙을 덮는다

화분 용적의 약 90%까지 흙을 덮은 뒤 손가락으로 가볍게 표면을 눌러 줍니다.

⑧ 물을 충분히 준다

물을 충분히 주어 분갈이를 마무리합니다.

시들 위험을 크게 줄여주는 흙갈이도 추천

분갈이는 뿌리 주변의 오래된 흙을 털어내는 작업이므로 식물에 스트레스를 줄 수 있습니다. 분갈이로 인해 상태가 나빠지면 최악의 경우 시들 수도 있습니다. 부담을 줄이고 싶다면, 분갈이만큼 흙을 많이 털어내지는 않고 새 흙으로 옮기기만 하는 흙갈이를 시도해보는 것도 좋은 방법입니다. '뿌리에 붙은 흙을 그대로 유지한 채' 새 흙으로 옮기기 때문에 뿌리가 손상될 위험을 크게 줄일 수 있습니다.

다만 흙이 딱딱하게 굳어 있는 경우에는 일반 분갈이처럼 뿌리를 풀어주는 것이 좋으므로, 흙갈이는 상태가 좋을 때만 합니다.

구입한 식물을 새 화분에 심을 때도 이 방법으로 하면 됩니다.

화분에서 꺼낸다

식물을 화분에서 조심스럽게 꺼냅니다.

흙을 살짝 털어낸다

가볍게 흔들면서 자연스럽게 떨어지는 정도의 흙만 털어냅니다.

흙을 전부 털어내지는 않는다

뿌리 주위에 사진에 나온 정도로 흙이 남아 있으면 OK.

흙을 넣는다

식물을 넣는다

흙을 덮는다

공기를 뺀다

물을 준다

분갈이 방법 ②
: 흙을 코토소일로

벌레가 걱정되거나 물주는 시기를 잘 지키고 싶다면,
코토소일로 옮겨 심는 것이 좋습니다.
분갈이할 때는 뿌리에 붙은 흙을 모두 털어내는 것이 중요합니다.

① 화분에서 꺼낸다

식물을 흙이 붙은 상태로 화분
에서 조심스럽게 꺼냅니다.

② 뿌리를 물로 씻는다

뿌리 주변의 흙은 물을 뿌려가며
털어냅니다. 이때 뿌리에 상처가
나지 않도록 부드럽게 다루어야 합
니다.

③ 완전히 씻어 낸다

식물에 붙은 흙이 거의 남지 않도
록 깨끗이 씻어 냅니다.

④ 망을 깐다

코토소일이 화분 바닥의 구멍으
로 빠져나가지 않도록 바닥에
촘촘한 망을 깔아 줍니다.

⑤ 코토소일을 넣는다

코토소일을 화분 높이의 절반
정도까지 채웁니다.

⑥ 식물을 심는다

식물을 수직으로 세운 상태에서 주
위에 코토소일을 조심스럽게 채워
줍니다.

⑦ 공기를 빼낸다

뿌리를 손상시키지 않도록 주의하
면서 막대기 등을 꽂아 공기를 빼
내고 코토소일을 90% 정도까지
채워줍니다.

⑧ 물을 충분히 준다

화분 바닥으로 물이 흘러나올
때까지 충분히 물을 주어 분갈
이를 마무리합니다.

비료와 식물 활력제는 시기를 잘 고려해서 사용한다

건강한 생육기에 사용하는 것이 기본

비료와 식물 활력제는 적절한 시기에 주면 관엽식물을 시들지 않고 튼튼하게 키우는 데 도움이 됩니다. 하지만 식물이 시들어 활기를 잃거나 잎이 떨어지는 등 상태가 나빠졌을 때 바로 비료를 주는 실수를 흔히 자주 합니다. 이는 사람이 피로할 때 비타민 음료를 마시는 것과 비슷한 발상이지만, 식물에게는 오히려 부담이 될 수 있으므로 피하는 것이 좋습니다.

대부분의 비료와 식물 활력제는 일반적으로 식물이 활발하게 자라는 생육기에 사용하는 것이 효과적입니다. 약해진 식물에 사용할 수 있는 제품도 있지만, 상태가 좋지 않을 때는 비료나 식물 활력제를 사용하기 전에 먼저 원인을 파악한 후 적절한 조치를 취하는 것이 중요합니다(P130~137 참조).

같은 화분에 심은 지 몇 년이 지났다면, 흙의 영양분이 부족해졌을 가능성이 많습니다. 이런 경우, 무작정 비료를 추가하기 전에 먼저 흙의 상태를 확인하는 것이 중요합니다. 흙이 딱딱하게 굳어 있으면 뿌리가 호흡하지 못해 비료를 제대로 흡수하기 어렵습니다. 이럴 때는 먼저 새로운 흙으로 옮겨 심는 것이 좋습니다.

비료와 식물 활력제는 모두 생육을 돕는다

식물 생육을 돕는 제품은 여러 종류가 있지만, 크게 비료와 활력제 2종류로 구분됩니다.

비료는 질소(N), 인산(P), 칼륨(K)이라는 비료의 3요소를 기준치 이상 함유한 제품을 말합니다.

식물 활력제는 식물의 성장을 돕는 성분이 포함되어 있어, 사람에게 비타민이나 영양제와 비슷한 역할을 합니다. 용도에 맞춰 구분해서 사용하면 됩니다.

종류별 구분

비료

3요소(질소, 인산, 칼륨)를 일정량 이상 포함하고 비료로 인증된 제품을 말하며, 식물이 건강하게 자라고 있는 생육기에 맞춰 사용하는 것이 중요합니다. 휴면기에 비료를 주면 흡수가 잘되지 않아 오히려 뿌리가 손상될 수 있습니다.

식물 활력제

미네랄 성분과 비타민 등 미량 원소를 비롯해 식물이 건강하게 자라는 데 필요한 다양한 영양소가 포함되어 있습니다. 비료의 3요소 농도가 기준치보다 낮아 비료로는 분류되지 않지만, 효과가 뛰어난 제품도 많이 있습니다.

유형별 구분

액체 비료 타입

물을 줄 때 섞어서 사용하는 희석 타입과 잎에 직접 뿌리는 스프레이 타입이 있습니다. 두 가지 모두 영양분이 이미 물에 녹아 있어 식물이 빠르게 흡수하므로 즉각적인 효과를 기대할 수 있습니다.

고형 타입

흙 위에 올려두면 물을 줄 때마다 천천히 녹아 흙 속으로 스며들기 때문에 장기간 효과가 지속됩니다. 고형물이 남아 있더라도 성분은 이미 다 녹아 버린 경우가 많으므로, 제품에 표시된 주기에 맞춰 교체하는 것이 좋습니다.

비료와 식물 활력제 추천 제품

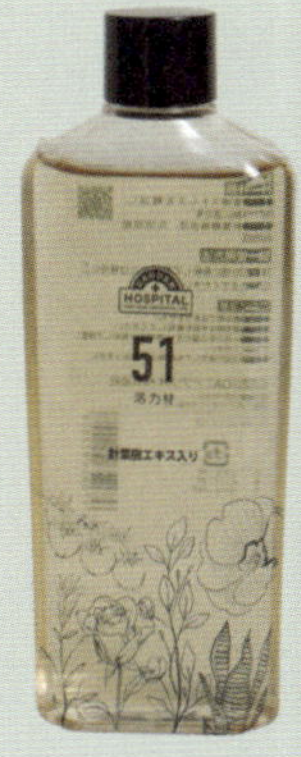

침엽수 추출물의 성분이 실내 식물의 생육을 돕는다. 꽃과 잎에 주 1회 스프레이.
「51 활력제」(OAT 아그리오)

부패 물질과 해조 추출물의 효과로 뿌리의 생육이 향상되며, 식물이 건강하게 뿌리를 내려 성장하는 것을 돕는다.
「31 바이오스티뮬런트」(OAT 아그리오)

아미노산 효과로 식물의 품질이 향상되며, 빛이 잘 들지 않는 실내 식물에 적합하다.
「02 액체 비료」(OAT 아그리오)

식물 생육에 필요한 모든 비료 성분이 배합되어 있으며, 창가처럼 햇빛이 잘 드는 곳에 있는 식물에 사용한다.
「01 액체 비료」(OAT 아그리오)

비료 성분과 활력 성분이 배합된 미스트 타입의 액체 비료로, 잎 표면에 직접 뿌려서 간편하게 사용할 수 있다.
「MY PLANTS 빠르게 생기를 불어넣는 미스트」(스미토모화학원예)

화분에 놓아두기만 하면 되는 간편한 정제형 비료로, 약 4개월 동안 효과가 지속된다.
「MY PLANTS 오래도록 튼튼하게 키울 수 있는 정제형 비료」(스미토모화학원예)

Jewel 시리즈

전문가용으로 농약과 비료 등을 제조·판매해 온 「OAT 아그리오」가 가정 원예용으로 제안하는 식물 케어 제품. 식물의 성장 단계와 생육 상태, 환경에 맞춰 다양한 제품 라인업을 갖추고 있다.

MY PLANTS 시리즈

스미토모화학원예가 제조·판매하는 관엽식물 및 다육식물 전용 식물 케어 시리즈. 이 외에도, 해충 방제용 제품, 잎 표면 세정제, 배양토 등 다양한 제품을 제공.

꾸준히 사용하면 어두컴컴한 방에서도 생기 있게 자란다.
「식물 성장 활성제 BS(Bio Stimulants) 활력액 X-ENERGY」(스미토모화학원예)

병해충은
분무기와 바람으로
예방한다

매일 잎에 물을 뿌릴 때 자주 확인한다

관엽식물을 키울 때 걱정되는 문제 중 하나가 병해충입니다. 그중에서도 식물에 가장 많이 발생하는 두 가지 주요 해충은 깍지벌레와 잎진드기입니다. 이들 해충은 겉모습만으로도 불쾌감을 주지만, 눈에 잘 띄지 않은 상태로 외부에서 유입되어 번식하면서 식물을 약하게 만듭니다. 심할 경우에는 다른 질병까지 유발해 식물을 시들게 할 수가 있습니다.

병해충 예방을 위해 가장 중요한 것은 무엇보다 조기에 발견해서 즉시 제거하는 것입니다. 매일 분무기로 수분을 공급하면서 식물의 상태를 수시로 살피는 습관은 병해충으로 인해 식물이 시드는 것을 예방할 수 있습니다.

깍지벌레는 통풍이 잘되지 않는 환경에서 발생하기 쉬우므로, 서큘레이터 등을 이용해서 식물이 놓인 공간의 공기 순환을 원활하게 해주면 해충을 예방하는 데 도움이 됩니다.

또 잎진드기는 건조한 환경에서 번식하기 쉽고 물에 약하므로, 분무기로 잎에 수분을 자주 공급하면 해충 예방과 방제에 효과적입니다.

즉 PART 03에서 소개한 '관엽식물 돌보기의 기본적인 방법'은 해충 예방에도 그대로 도움이 됩니다. 특별히 해충 대책을 따로 세우지 않아도 됩니다.

발견하는 즉시 제거한다!

통풍을 잘 시키고 분무기로 수분을 공급해서 예방했는데도
해충이 발견되면 즉시 제거해야 합니다.
살충제 등의 약제를 함께 사용하면 방제 효과가 더욱 좋아집니다.

깍지벌레

검은 껍질 타입과 흰 솜털 타입의 벌레

식물의 잎이나 가지에 달라붙어 영양분을 빼앗고 식
물의 성장을 방해하는 해충입니다. 깍지벌레에는 여
러 종류가 있지만, 관엽식물에서 많이 발생하는 것은
두 가지입니다. 하나는 성충이 되면 몸이 검고 딱딱한
껍질로 덮여 있는 타입(약제가 잘 듣지 않음)이고, 다
른 하나는 흰 솜털 같은 덩어리 타입입니다. 두 가지
모두 대량 발생하면 잎의 표면이 끈적끈적해집니다.

깍지벌레 제거법

◎ 칫솔로 제거한다

가지나 줄기에 단단하게 붙어 있는 깍지벌레는 딱딱한 칫
솔로 문질러서 제거합니다. 너무 세게 문지르면 식물이 손
상될 수 있으므로 주의하세요.

◎ 샤워기로 씻어낸다

흰 솜털처럼 생긴 깍지벌레는 샤워기로 물을 뿌려 제거합
니다. 잎 표면에 끈적끈적한 느낌이 남아 있으면 그을음병
을 유발할 수 있으므로 남김없이 씻어내야 합니다.

잎진드기

잎의 뒷면

거미줄 모양의 실이 발생

잎진드기는 분류상 거미류에 속하며, 몸길이가 0.3~0.5mm로 매우 작아 육안으로는 확인하기 어렵습니다. 발생할 경우 잎이나 줄기 사이에 촘촘한 거미줄처럼 생긴 실을 치는 것이 특징입니다. 줄기 뒷면에도 기생하며, 잎 전체에 희고 얼룩덜룩한 반점이 퍼집니다. 잎진드기는 식물의 세포조직을 빨아 영양분을 흡수하기 때문에 잎을 약하게 만듭니다. 잎진드기가 광범위하게 번지면 잎이 떨어지거나 말라 죽을 수도 있습니다.

잎진드기 제거법

◎ 티슈로 닦아 낸다

거미줄 모양의 실은 분무기로 물을 뿌린 뒤 티슈로 부드럽게 닦아내 제거합니다. 잎진드기는 물을 싫어하기 때문에 분무기로 물을 자주 뿌려 주면 번식을 예방할 수 있습니다.

해충이 퍼지면 가지를 통째로 제거

해충의 피해가 광범위하게 퍼졌다면, 더 이상 확산되지 않도록 감염된 가지와 잎을 통째로 제거하는 것이 좋습니다. 이런 상황을 막기 위해서 평소에 관찰과 예방이 중요합니다!

추천 약제

성분이 가지에 침투해서 살충 효과가 약 1개월 지속
「깍지벌레 에어로졸」 (스미토모화학원예)

5종류의 성분으로 병해충을 확실하게 방제
「베니카 × 넥스트 스프레이」 (스미토모화학원예)

흙에 직접 뿌리기만 하면 병해충을 예방할 수 있는 과립형 살충 살균제
「베니카 × 가드 과립제」 (스미토모화학원예)

2종류의 살충 성분이 잎과 가지에 발생하는 벌레를 퇴치
「MY PLANTS 벌레로부터 식물을 간편하게 지켜주는 미스트」 (스미토모화학원예)

화분 주위의 초파리를 퇴치하는 스프레이로, 유충과 알에도 효과적
「MY PLANTS 초파리를 퇴치하는 미스트」 (스미토모화학원예)

잎이 누렇게 변하면
당황하지 말고
원인을 찾는다

물이나 비료를 무턱대고 주면 역효과를 초래

관엽식물을 키우다 보면 초기에 잎이 노랗게 변하는 문제를 자주 겪게 됩니다.

노랗게 변한 잎을 보고 당황해서 급하게 물이나 비료를 주는 일은 피해야 합니다. 식물은 종류마다 성질이 다르기 때문에, 같은 실내 환경에서 키우더라도 각기 다른 반응을 보일 수 있습니다. 또 같은 종류의 식물이라 해도 개체에 따라 차이가 있어 생육 상태가 달라질 수 있습니다.

표면적으로 드러난 증상만 보고 정확한 원인을 파악하지 못한 채, 섣불리 판단하고 잘못된 방법으로 대처하다가 식물을 시들게 만드는 경우도 많습니다.

요즘은 인터넷을 통해 어떤 정보든 쉽게 얻을 수 있습니다. 하지만 관엽식물을 관리하거나 문제가 생겼을 때, 검색한 정보가 자신의 상황에 적합한지 제대로 판단할 수 있는 안목이 필요합니다.

원래 잎이 노랗게 변하는 현상은 오래된 잎을 떨어뜨리기 위한 자연스러운 과정으로, 반드시 문제가 있는 것은 아닙니다. 하지만 이런 현상이 식물의 이상 상태를 알리는 신호라면, 그 원인은 무엇일까요? 이제부터 그 원인을 찾기 위한 힌트를 살펴보겠습니다.

잎이 노랗게 변할 때 짐작할 수 있는 원인은?

원인 1

오래된 잎은 자연스럽게 노랗게 변한다

노랗게 변한 잎이 아래쪽에 붙어 있다면, 이는 오래된 잎이 자연스럽게 변한 현상일 뿐입니다. 특히 생육기에는 새싹이 나오는 시기에 오래된 잎이 노랗게 변해 자연스럽게 떨어지는 일이 자주 발생합니다.

대책

오래된 잎이 떨어지고 새 잎이 나는 것은 자연스러운 성장 과정이므로 전혀 문제가 없습니다. 외관상 보기 싫다면, 오래된 잎을 제거해주면 됩니다.

원인 2

환경의 변화가 원인

구입한 직후 관엽식물의 잎이 노랗게 변했다면, 이는 환경 변화에 따른 스트레스 때문일 가능성이 큽니다. 특히 구입 후 처음 2주 동안은 새로운 환경에 적응하는 과정에서 문제가 발생하기 쉬운 시기이므로 세심하게 관찰해야 합니다.

☞ 처음 2~3주의 고비를 잘 넘겨야 한다 … P46~49
☞ 좋은 매장인지 구분할 수 있는 6가지 포인트 … P40~41

대책

식물은 새로운 환경에 서서히 적응해가기 때문에. 구입 후에는 실내 환경을 다시 한 번 점검해보는 것이 중요합니다. 일부 생산자나 판매점에서는 식물이 새로운 환경에 잘 적응할 수 있도록 미리 순응 과정을 거친 뒤 출하하기도 합니다.

원인 3

물 주기, 과하거나 부족하거나

물 주기를 할 때, 물의 양이 부족하거나 너무 많으면 식물의 상태가 악화될 수 있습니다. 이러한 물 주기 문제로 인해 잎의 상태가 나빠지면서 노랗게 변하는 경우가 있습니다.

대책

물 주기를 제대로 하고 있다고 생각하더라도, 실제로는 식물에 필요한 양보다 부족하거나, 과도하게 주는 경우도 많습니다. 먼저 기본적인 물 주기 방법부터 다시 점검해보세요.

원인
4

낮은 실내 온도와 급격한 온도 차

관엽식물은 10℃ 이하로 내려가면 휴면기에 들어가 잎이 노랗게 변하거나 떨어집니다. 날씨가 따뜻해지면 다시 생기를 되찾아 성장하므로, 급격한 온도 변화로 인해 시들지 않도록 주의 깊게 관찰하는 것이 좋습니다.

☞ 온도 관리의 포인트 … P96~99

대책

낮에는 따뜻해도 밤에는 기온이 10℃ 이하로 떨어지는 경우가 많으니, 밤에는 따뜻한 실내로 옮기는 등 대책을 마련해야 합니다.

원인
5

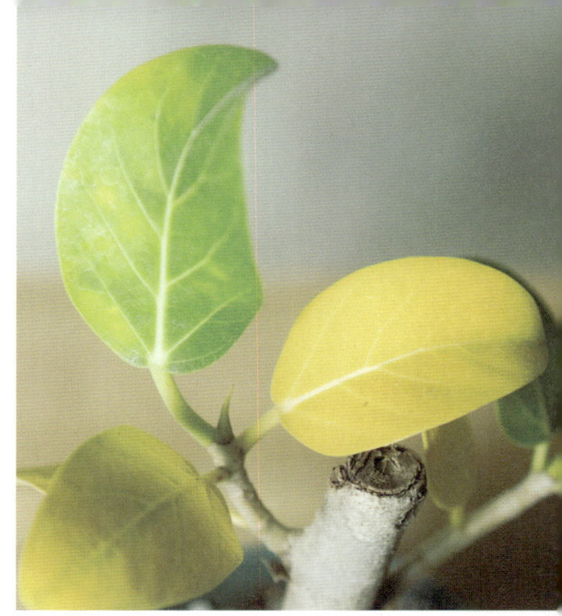

병해충이 원인

깍지벌레나 잎진드기가 식물에 달라붙어 줄기나 잎의 영양분을 흡수하면 잎이 노랗게 변할 수 있습니다. 곰팡이균에 의한 질병(흰가룻병, 탄저병 등)도 잎이 노랗게 변하는 원인이 됩니다.

☞ 해충 대책 … P126~129
☞ '바람'에 대하여 … P84~87

대책

해충이 발견되면 즉시 제거하고 약제를 뿌리는 등 적절한 조치를 취해야 합니다. 곰팡이균 예방을 위해서는 실내 환경에서 특히 바람이 잘 통하는지 살펴보는 것이 중요합니다.

원인
6

뿌리 썩음으로 인한 황변

식물의 토대인 뿌리가 썩으면 줄기와 잎도 건강하게 자라지 못해, 잎이 노랗게 변하는 증상이 나타날 수 있습니다. 뿌리 썩음이 발생하는 원인은 뿌리 막힘, 과도한 수분 공급, 환경 변화, 부적절한 시기의 비료 사용 등 다양합니다.

대책

먼저 뿌리 썩음이 발생하는 원인을 파악하는 것이 중요합니다. 이 책의 [THEORY]를 전체적으로 다시 확인해보세요.

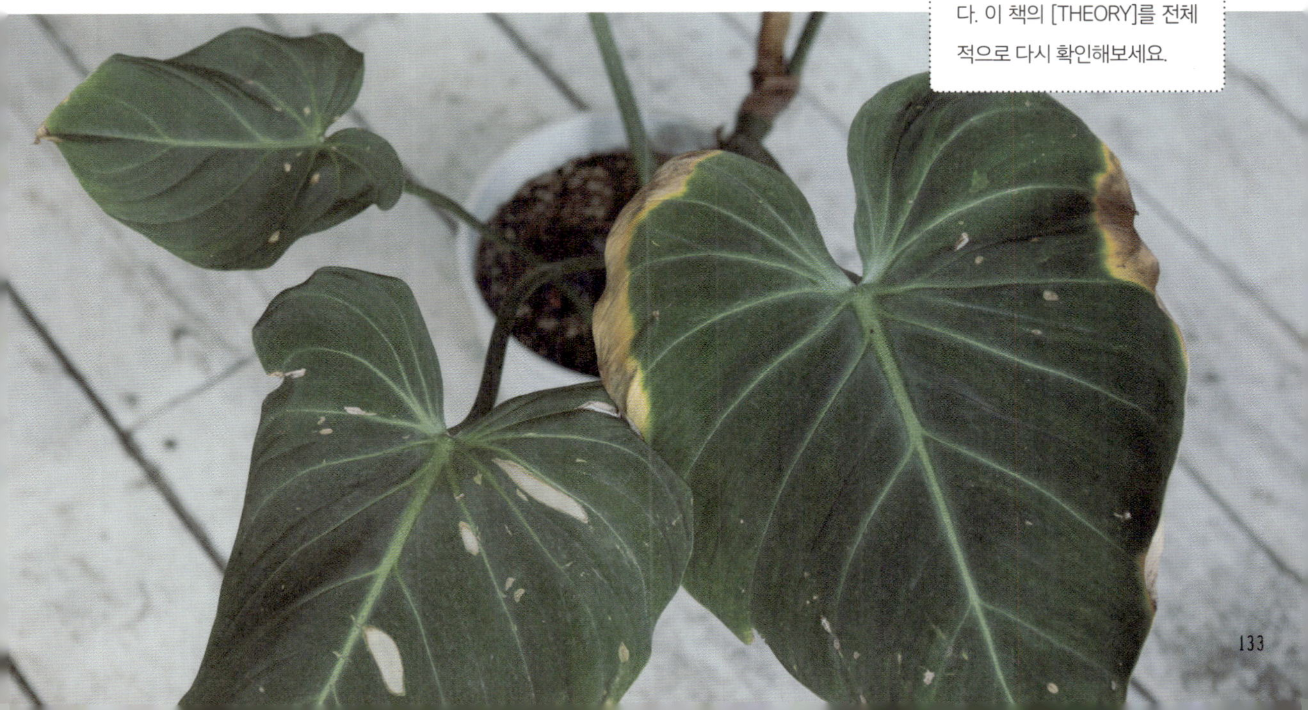

금방이라도 시들 것 같다면? 포기하기 전, 순서를 정해 원인부터 파악한다!

문제의 원인은 물 주기일까, 환경 부적합일까?

처음 구입했을 때와 달리, 잘 자라던 식물이 생기를 잃고 상태가 나빠 보일 때가 있습니다. 그럴 때 느껴지는 불안감은 대부분 무시해서는 안 될 중요한 신호일 수 있습니다.

생기를 잃은 이유는 무엇일까요? 원인을 제대로 파악하지 못한 채 방치하면, 결국 식물이 시들어버릴 위험이 큽니다. 그 원인을 해결하지 못하면 새로운 식물을 맞이하더라도, 같은 원인으로 다시 시들어 버리는 안타까운 일이 반복될 가능성이 큽니다.

저희 매장에도 키우던 식물이 왜 시들었는지 원인을 알지 못한 채 새로운 식물을 구매하러 오는 고객들이 상당히 많습니다. 많은 사람들이 물 주기를 잘못해서 시든 것 같다고 자책하지만, 실제 원인은 단순히 물 주기 때문만은 아닐 수 있습니다.

실제로 물 주기는 식물 관리에서 가장 실패하는 첫 번째 관문이라 할 수 있습니다. 먼저 물 주기가 제대로 되었는지 확인한 후 문제가 없다면, 다음으로 빛과 바람 등 환경 조건을 차례로 체크해보세요. 이렇게 순차적으로 식물이 약해진 원인을 '직접 확인해서 체크'하는 것이 중요합니다. 문제가 발생하면 P136의 플로차트를 참고하여 원인을 파악하는 데 적극적으로 활용해보세요.

관엽식물의 상태가 나빠진 원인은?
문제 발생에 대한 원인 분석 플로차트

어려운 문제가 생겼을 때는 단계별로 원인을 찾아가는 과정이 필요합니다.
지금부터 이 책에 소개했던 '시들지 않게 키우는 이론'을 다시 한번 정리해보겠습니다.

식물에 **바람**을 쐬고
있나요?

Yes → No
☞ P84~87로 이동

한여름에 **직사광선**을
쐬고 있지 않나요?

Yes → No
☞ P80~83로 이동

추운 계절에 온도
차가 큰 **창가**에 두고
있지 않나요?

Yes → No
☞ P96~99로 이동

휴면기에 들어가
있지 않나요?

Yes → No
☞ P100~107로 이동

→ No
☞ P122~125로 이동

**비료나 식물
활력제**를 주는
방법이 적절한가요?

Yes → No
☞ P116~121로 이동

분갈이를 하고
있나요?

Yes → No
☞ P108~115로 이동

잎이 너무 무성하지
않나요?

Yes

병해충에 피해를
입지 않았나요?

Yes → No
☞ P126~129로 이동

FINISH!

식물이 **수명**을
다한 건 아닌가요?

☞ P138로 이동

관엽식물에도
수명이 있다는 사실을
기억한다

먼저 첫 2년 동안 키우기 후, 장수를 목표로

식물도 반려동물처럼 애정을 가지고 보살펴야 하는 존재입니다. 식물도 생명체이기에 안타깝지만 언젠가는 이별의 시간이 올 수밖에 없습니다. 그렇습니다. 관엽식물에도 '수명'이 있습니다.

물론 10년, 20년이나 장수하는 관엽식물도 있지만, 반대로 수명이 짧은 경우도 있습니다. 실제로 제가 집에서 키우던 관엽식물 중에는 건강하게 자라다가 이유를 알 수 없이 갑자기 시들어 버린 경우가 있었습니다.

최선을 다해 돌봤기 때문에 아마 그 식물의 수명이 다했다고 생각하게 되었습니다. 그야말로 천수를 다 누린 심이었습니다.

관엽식물을 처음 키우는 분은 우선 첫 2년 동안 건강하게 키우는 것을 목표로 삼아 보세요. 이 책에 나온 25개의 이론에서 배운 대로 시들지 않게 잘 관리해서 2년을 무사히 넘겼다면, 초보자로서는 훌륭한 성과를 거둔 셈입니다! 그 이후에는 5년, 10년을 목표로 식물의 수명을 최대한 늘릴 수 있도록 꾸준히 관리해주세요.

관엽식물이 있는 삶, 인테리어 실제 사례와 아이디어

식물에 대한 해설 포함!

시들지 않도록 키우는 데 익숙해지면,
자연스럽게 '이런저런 다양한 식물을
생활 공간에 접목해보고 싶다'는 생각이 듭니다.
마음에 드는 식물들로 둘러싸인 주거 공간은
우리의 기분을 밝게 해주고, 실내에서 보내는
시간을 쾌적하게 만들어 줍니다.
생활 속 실제 사례 & 아이디어와 더불어,
추천하는 식물도 함께 소개해드립니다.

녹색 식물로 가득한 인테리어 공간

시들지 않게 키우는 요령

이 책에서 소개한 [THEORY 1~25]를 참고해서, 집안의 각 공간에 식물을 배치해보세요.

'식물에 둘러싸인 생활'을 몸소 실천하고 있는 cotoha 오너 다니오쿠의 주택을 사례로, 관엽식물을 집 인테리어에 적용한 실제 사례를 소개합니다.

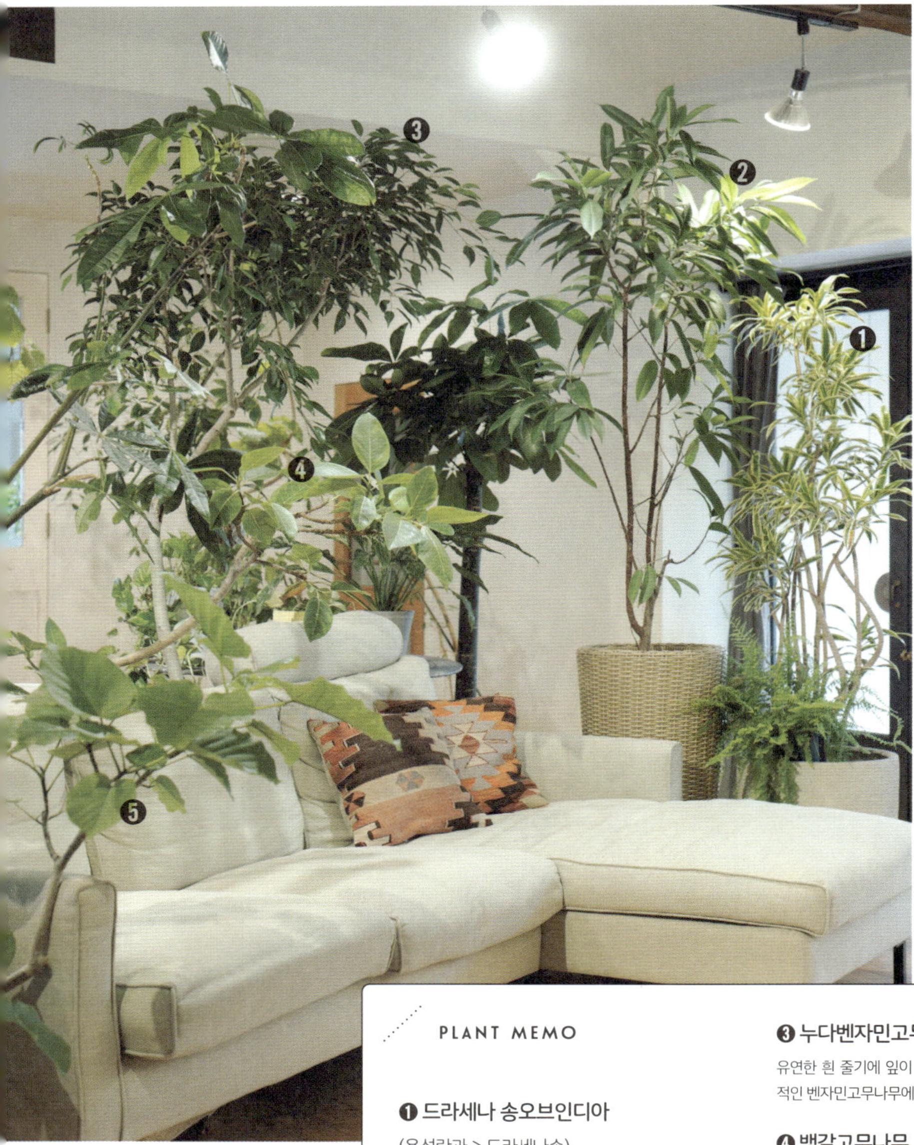

자연의 숲을 떠올리게 하는

거실

인기 있는 관엽식물을 소파를 감싸듯이 배치해놓은 거실 공간입니다. 포인트는 일부러 너무 단정하거나 깔끔하게 배열하지 않고 자연스럽게 연출한 점입니다. 성장한 가지의 굴곡과 리듬을 살리면 자연의 숲을 닮은 공간이 됩니다.

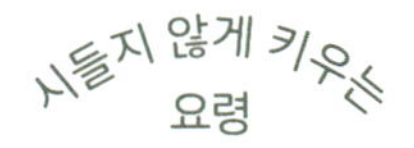

PLANT MEMO

❶ 드라세나 송오브인디아
(용설란과 > 드라세나속)
생동감 있는 수형과 노란 테두리의 잎이 공간을 환하게 밝혀 주는, 키우기 쉬운 인기 있는 식물

❷ 알리고무나무 (뽕나무과 > 무화과나무속)
별명은 피커스 이레굴라리스(Ficus irregularis)로, 고무나무류 중 길쭉한 잎이 자연스러운 분위기를 연출한다.

❸ 누다벤자민고무나무 (뽕나무과 > 무화과나무속)
유연한 흰 줄기에 잎이 풍성하게 달려 있는 누다벤자민고무나무는 일반적인 벤자민고무나무에 비해 잎이 작고 길쭉하며 품위 있는 인상을 준다.

❹ 뱅갈고무나무 (뽕나무과 > 무화과나무속)
무화과나무속 중에서 인기 있는 식물로, 밝은 장소를 좋아한다. 충분한 빛을 받으면 잎에 있는 노란색 반점이 선명해진다.

❺ 움벨라타고무나무 (뽕나무과 > 무화과나무속)
하트 모양의 큼직한 잎이 매력적인 인기가 많은 관엽식물이다. 성장 속도가 빠르며 생육기에는 가지를 왕성하게 뻗어 잎이 풍성해진다.

개방감이 있는 주방에서는 요리에 방해되지 않는 위치에 식물을 배치하는 것이 포인트입니다. 요리하는 동안에도 시야에 녹색이 들어올 수 있도록, 앞쪽 공간에는 나뭇가지 형태가 멋스러운 대형 화분을 배치해보세요.

요리에 유용한 허브 3종은 LED 전구 빛 아래에서 재배합니다. 화분은 흙 속에서 자연 분해되는 친환경 포트(P51)를 사용합니다.

PLANT MEMO

❶ 스킨답서스 (천남성과 > 에피프렘넘속)

늘어지는 수형이 아름답고 키우기 쉬운 인기 관엽식물로, 잎에 반점이 들어 있으며, 담황색을 비롯해 종류가 다양하다.

❷ 에버프레쉬 (콩과 >코조바속)

시원해 보이는 가느다란 잎이 특징이다. 밤이 되면 잎을 오므리고 가지를 늘어뜨리는 습성이 있다. 이는 식물의 건강 상태나 환경 변화를 알려주는 신호 역할을 하기도 한다.

❸ 이탈리안파슬리

(미나리과 > 페트로셀리눔(Petroselinum)속)

선명한 녹색 잎이 요리에 색감을 더하기에 좋다. 부드러운 향과 좋은 풍미로 다양한 요리를 돋보이게 해주는 꾸준히 사랑받는 허브다.

❹ 스위트바질 (꿀풀과 > 바질속)

윤기 나는 잎이 매력적인 허브로, 샐러드나 이탈리아 요리에 빠질 수 없는 식재료다. 생육기에는 잎을 자주 따 주는 것이 좋다.

❺ 스피어민트 (꿀풀과 > 박하속)

청량한 향과 풍미가 돋보이는 허브로, 요리와 디저트의 향을 더할 때와, 허브티 등 다양하게 활용할 수 있다.

심호흡하고 싶어지는 쾌적한 업무 공간 조성

작업 공간

딱딱한 분위기가 되기 쉬운 책상 주변에도 좋아하는 관엽식물을 놓으면 아늑한 느낌의 공간으로 변합니다. 또 식물은 이산화탄소 농도를 줄여주는 공기 청정 효과가 있어 업무 효율도 향상시켜 줍니다.

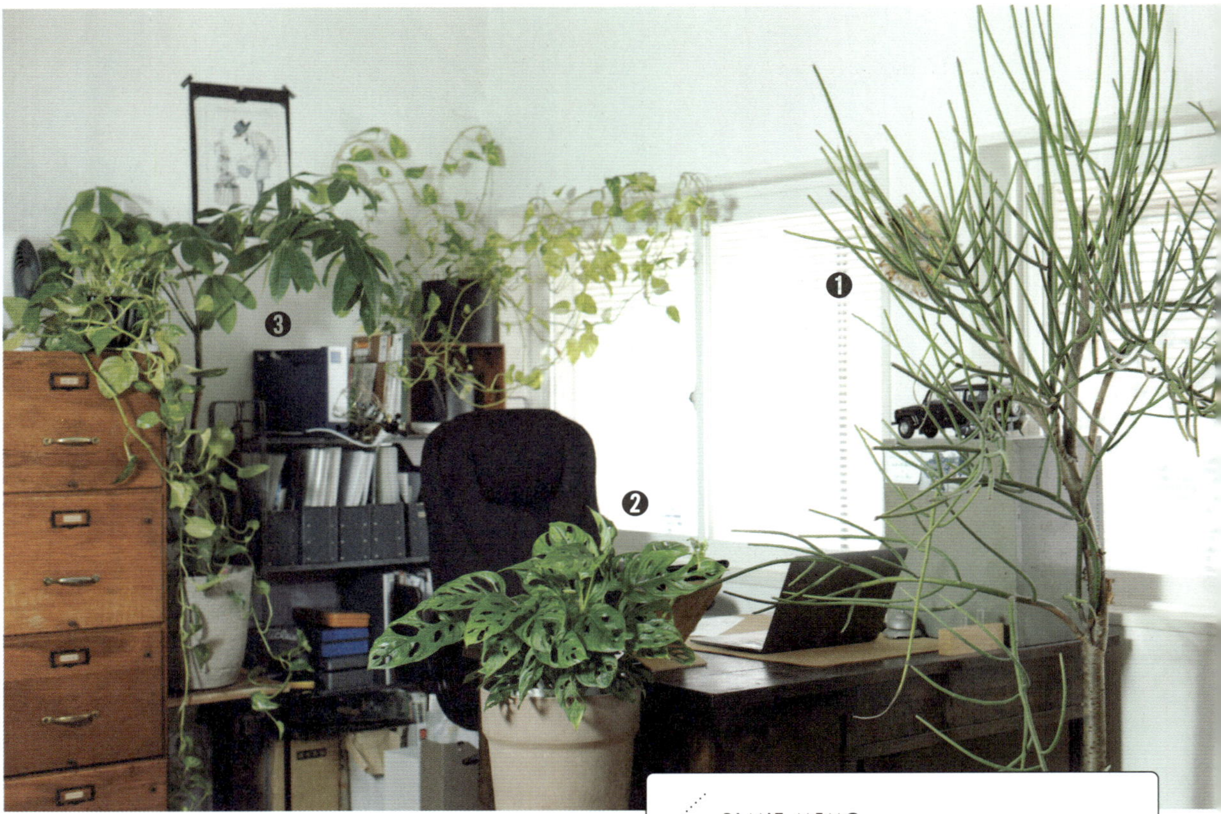

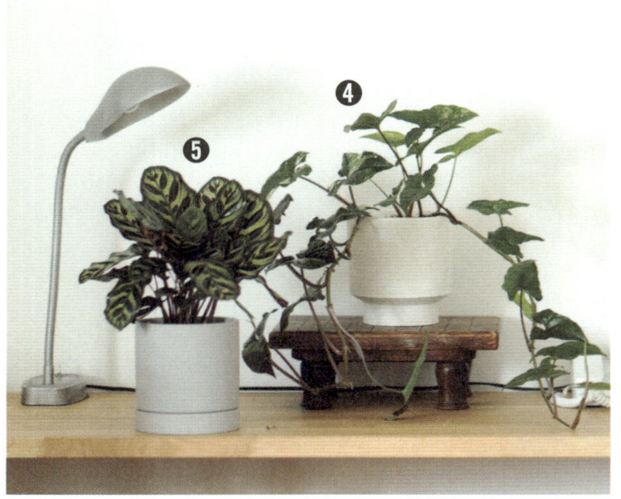

PLANT MEMO

❶ 유포르비아 플라기안타(Euphorhbia plagiantha)
(대극과 > 대극속)
산호처럼 갈라진 막대 모양의 줄기가 특징인 독특한 식물로, 줄기에 수분을 저장하는 다육질이므로 물을 자주 주지 않아도 된다.

❷ 몬스테라 아단소니 라니아타 (천남성과 > 몬스테라속)
잎에 구멍이 있는 것이 특징이며, 자라면서 덩굴을 길게 늘어뜨리기 때문에 행잉 식물로도 잘 어울린다.

❸ 파키라 (아욱과 > 파키라속)
손바닥 모양의 광택이 나는 짙은 녹색 잎이 특징이며, 줄기가 굵어 강한 인상을 준다. 비틀림으로 인해 변형된 수형을 보이기도 한다.

❹ 싱고니움 (천남성과 > 싱고니움속)
중남미의 열대 정글에 자생하는 덩굴성 식물이다. 잎에 무늬가 있거나 핑크빛을 띠는 등 다양한 품종이 존재한다.

❺ 칼라데아 마코야나 (마란타과 > 칼라데아속)
개성 있는 잎자루와 다양한 품종을 가진 칼라데아. 그중에서도 마코야나 품종은 마치 그림을 그려 놓은 듯한 장식적인 무늬가 특징이다.

PLANT MEMO

❶ 박쥐란 알시콘 （고란초과 > 박쥐란속）

박쥐가 날개를 펼친 듯한 잎의 형태가 인상적인 양치류로, 원래는 나무나 바위에 착생하는 식물(※ P158 참조)이지만 화분에서도 재배할 수 있다.

❷ 립살리스 파라독스 （선인장과 > 립살리스속）

선인장의 일종으로, 60종 이상의 품종을 가진 립살리스속에 속한다. 사슬 모양으로 자라는 줄기가 버드나무처럼 늘어져 이국적인 분위기를 자아낸다.

❸ 아레카야자 （종려과 > 딥시스속）

열대 우림에 자생하는 야자나무의 일종으로, 길쭉한 잎이 방사형으로 퍼지면서 자라 남국의 분위기를 자아낸다. 추위에 약하므로 한랭기에는 실내의 따뜻한 장소에서 관리하는 것이 좋다.

❹ 필로덴드론 쿠카부라 （천남성과 > 필로덴드론속）

깊게 패인 칼집 모양의 잎과 굵고 힘찬 줄기, 볼륨감 있는 독특한 수형으로 인기를 끄는 품종이다. 줄기 중간에서 뻗어 나오는 공기뿌리가 생동감 있는 분위기를 더해준다.

실내 정원 같은 휴식 공간
발코니 선룸

햇빛이 들어오는 밝은 실내 정원의 선룸은 햇빛을 좋아하는 식물을 키우기에 적합한 환경이다. 발코니에 마음에 드는 식물을 놓아두고, 개인적인 휴식 공간으로 활용할 수 있다.

위생 공간

식물의 건강한 녹색은 욕실이나 화장실 같은 위생 공간(Sanitary space)에도 잘 어울립니다. 창문이 없는 어두운 공간이라도 LED 조명을 활용하면 식물을 키울 수 있습니다.

PLANT MEMO

❶ 아시안텀 라디아넘 '리사'

(고사리과 > 공작고사리속)

그늘을 좋아하는 양치류이다. 수많은 품종을 가진 아시안텀 중 '리사'는 촘촘하게 밀집된 잔잎이 시원한 느낌을 주는 품종이다.

❷ 벤자민고무나무

(뽕나무과 > 무화과나무속)

인도와 네팔에서 '성목(聖木)'으로 여겨지며, 꾸준한 인기를 끌고 있는 관엽식물이다. 현관에 두어도 잘 어울린다.

❸ 다바나 고사리

(고란초과 > 플레보디움속)

톱니처럼 들쭉날쭉한 잎이 특징인 양치식물로, 밝은 그늘에서 잘 자란다.

식물 하나로 청량한 느낌을 더하는

현관

입구 공간을 밝게 만들어 주는

원래는 작은 창문 하나만 있는 어두운 현관(약 200럭스의 밝기)이지만, LED 조명을 받아 건강하게 자라는 벤자민은 이곳에서 자란 지 벌써 8년째!

1　큰 화분의 빈 공간을 작은 화분으로 메운다

큼직한 화분 커버와 화분 사이에는 빈 공간이 생기기 마련입니다. 이런 경우 큰 화분의 가장자리에 작은 화분을 올려 빈 공간을 메우면, 허전해 보이던 주변이 풍성하고 생기 있게 변합니다.

2　가전이나 가구를 감싸듯이 배치

텔레비전 같은 가전제품이나 큰 가구는 주변을 관엽식물로 감싸듯 배치하면 공간이 한결 더 정돈되어 보입니다. 존재감 있는 큰 화분은 시선이 잘 닿는 위치에 두고, 너무 분산되지 않도록 배치하는 것이 중요합니다.

3　벽면을 따라 자라도록 유도

줄기나 잎이 자라며 아래로 축 늘어지는 식물은 행잉 화분에 걸어서 키우거나, 창틀을 따라 배치하거나, 벽면을 장식하는 데 활용하기 좋습니다. 줄기는 못이나 압정 등을 이용해서 원하는 위치로 유도할 수 있습니다.

4　행잉 화분으로 공간에 색채를

관엽식물을 천장이나 벽에 매달아 장식할 수 있는 행잉 화분을 이용하는 것도 추천합니다. 제한된 공간에서도 높은 위치에 녹색 식물을 배치하면 입체적인 레이아웃이 만들어져 마치 큰 화분을 놓아 둔 듯한 시각 효과를 줄 수 있습니다.

5　코코넛 섬유로 흙을 커버

바닥 덮개용으로 판매되는 코코넛 섬유로 흙을 덮으면 식물이 실내 인테리어와 자연스럽게 조화를 이룹니다. 다만 코코넛 섬유는 쉽게 습해지고 흙의 상태를 확인하기 어렵다는 단점도 있으므로 물을 줄 때는 반드시 코코넛 섬유를 걷어내고 흙의 상태를 확인한 후 물을 줘야 합니다.

녹색이 있는
실내 코너

구석진 코너는 통풍이 잘되지 않기 때문에, 서큘레이터를 이용해 공기의 흐름을 만들어 주는 것이 좋습니다(P84~87 참조). 빛이 부족한 경우에는 보조 조명을 설치하는 것도 좋은 방법입니다(P74~79 참조).

식물을 방 안 어디에 두면 가장 어울릴지 고민하는 순간부터 인테리어의 즐거움은 시작됩니다. 식물이 건강하게 자랄 수 있는 ㅈ리를 찾으며, 나만의 그린 코너를 직접 만들어 보는 건 어떨까요?

가구 및 소품에
어울리는 코디네이트

마음에 드는 화분 하나만 골라 주변 가구나 소품의 분위기에 맞춰 배치하면, 오브제처럼 멋진 장식이 될 수 있습니다. 눈에 잘 띄는 높이와 위치를 고려해 가장 어울리는 자리에 놓아 보세요.

A: 테이블 램프와 시크한 나뭇잎색 화분 하나로 장식한 코너. **B**: 개성 있는 마란타 잎은 고가구와도 멋지게 조화를 이룬다. 바로 위에 앤티크 램프로 보조 조명을 비추면 식물이 한 층 돋보인다. **C**: 스테인드글라스 창을 중심으로 같은 종류의 식물을 좌우 대칭으로 배치하면, 사랑스러운 명품 조연이 되어 준다.

※ 촬영 협조 및 가구 제공 / WELLINGTON (P150~153)

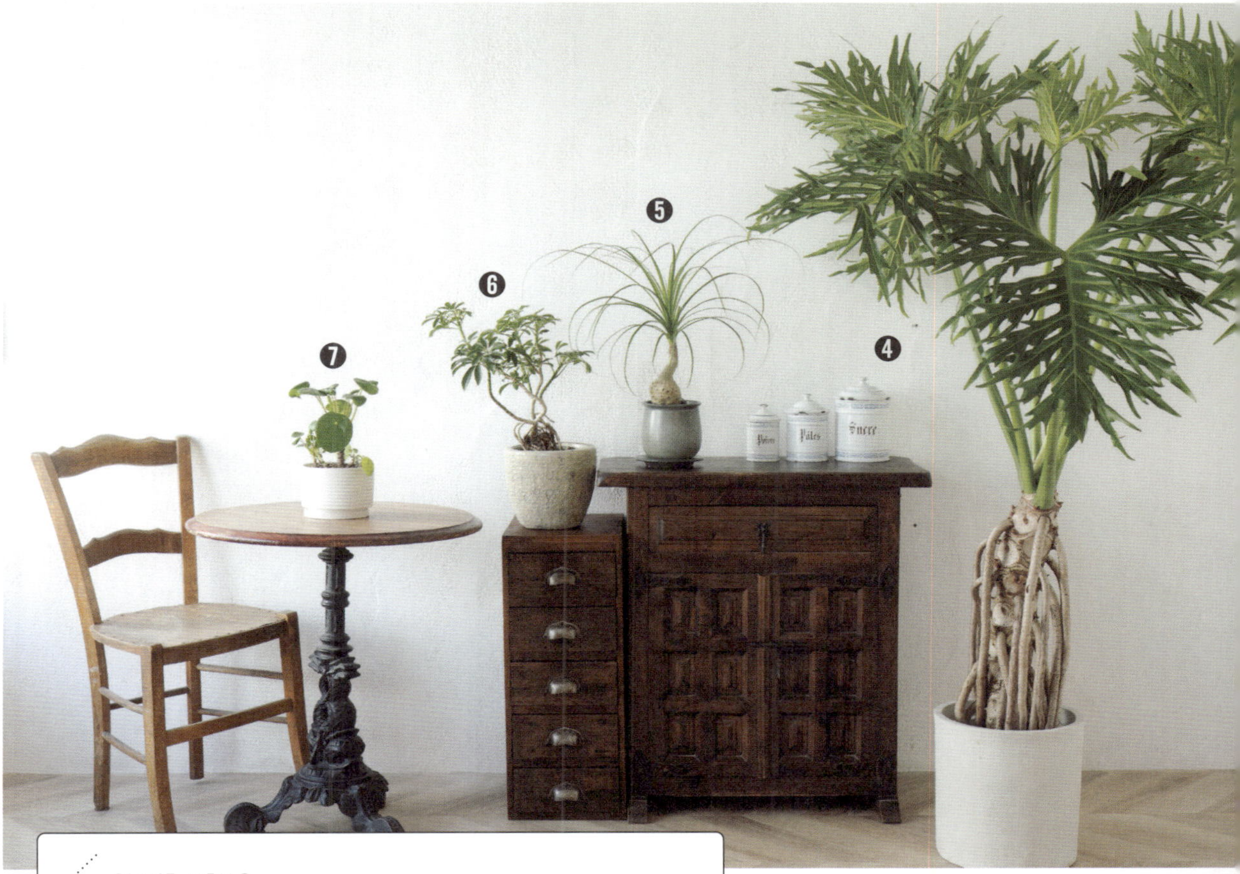

묵직한 필로덴드론 셀로움의 대형 화분을 심볼 트리로 배치하고, 나머지 작은 화분들은 의자에 앉았을 때 자연스럽게 보이도록 적절한 높이와 각도로 배치한다.

PLANT MEMO

❶ 초코 싱고니움

(천남성과 > 싱고니움속)

반덩굴성 식물로, 화살촉 모양의 잎 뒷면이 초콜릿을 연상시키는 갈색을 띤다.

❷ 마란타

(마란타과 > 마란타속)

이국적인 무늬가 있어 확실한 존재감을 드러낸다. 밤이 되면 잎을 위로 접는 수면 운동을 한다.

❸ 페페로미아 페어리

(후추과 > 페페로미아속)

탱글탱글한 잎이 윤기를 머금고 줄지어 늘어선 덩굴성 식물로, 성장하면 행잉 화분으로 키우기 좋다.

❹ 필로덴드론 셀로움

(천남성과 > 필로덴드론속)

튼튼한 줄기에서 힘차게 뻗어 나오는 공기뿌리와 이국적인 잎이 돋보인다.

❺ 덕구리난(Nolina)

(비짜루과 > 보카니아속)

줄기 밑동이 술병처럼 불룩하게 생겨 '술병난'이라고도 한다. 잎은 얇고 단단하며 길게 늘어지는 특징이 있다.

❻ 홍콩야자 콤팩타

(두릅나무과 > 쉐플레라속)

잎이 풍성하게 달려 있어 생명력이 넘치는 식물이다. '콤팩타'는 소형 품종을 뜻한다.

❼ 필레아 페페로미오이데스

(쐐기풀과 > 필레아속)

다육질의 작고 둥근 잎이 사랑스러운 식물로, '팬케이크 식물'이라는 별명으로 불리기도 한다.

❽ 벵골보리수

(뽕나무과 > 무화과나무속)

흰 줄기에 둥근 잎이 달려 있는 이 품종은, 다양한 고무나무 중에서도 꾸준한 사랑을 받고 있다.

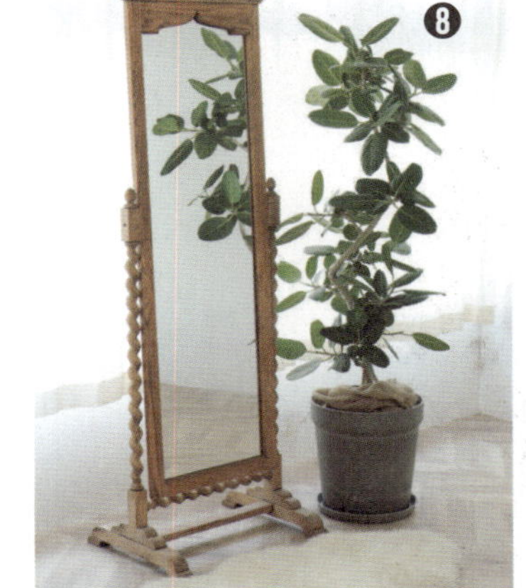

거울 옆에 관엽식물을 두면, 거울에 비친 모습 덕분에 녹색이 한층 더 풍성하게 느껴진다.

높낮이 차이를 두고 디스플레이

여러 개의 화분을 조합해서 배치할 경우 높낮이에 변화를 주면 보다 균형감 있는 연출
이 가능합니다. 잎이나 화분의 색을 활용해 대비를 주면 각 식물이 더욱 돋보입니다.

※ 상품 협조 / 클레이 (P152~153)

화분 크기에 변화를 주어 입체감을
연출했다. 어두운색을 바탕으로 한
중후한 느낌의 코너에 녹색 식물을
더해 주면 공간이 한층 밝아진다.

앤티크한 느낌의 사다리와 타월 걸
이에 여러 개의 행잉 화분을 연출한
코너. 통풍이 잘되어 식물 관리가
편리하다는 점이 포인트다.

⑨ 네프롤레피스 체스터

(줄고사리과 > 네프롤레피스속)

길게 뻗은 나뭇잎이 풍성한 느낌을 주어 공간 연출의 효과를 한층 돋보이게 한다.

⑩ 후페르지아 괴벨리 (석송과 > 플레그마리우루스속)

삼각형 모양의 잎이 포개진 듯한 가시 돋친 형태가 독특하다. 가지가 아래로 쳐지면서 자란다.

⑪ 대만고무나무 (뽕나무과 > 무화과나무속)

공기뿌리와 둥근 잎이 특징이다. 줄기가 굵은 것과 가는 것, 분재 형태 등 다양한 수형이 있다.

⑫ 에피프렘넘 피나툼 '세부 블루'

(천남성과 > 에피프렘넘속)

스킨답서스의 한 종류로, 실버 그린 색의 차분한 잎이 아래로 늘어지는 덩굴성 식물이다.

⑬ 용비늘고사리 (용비늘고사리과 > 용비늘고사리속)

바위처럼 단단한 뿌리줄기에서 선명한 녹색 잎이 자라는, 일본에 자생하는 양치류다.

⑭ 칼라데아 무사이카 (마란타과 > 칼라데아속)

섬세한 모자이크 무늬로 인해 '모자이크 칼라데아'라고도 불리며, 희귀한 품종이다.

⑮ 피커스 벤자민 바로크(바로크벤자민고무나무)

(뽕나무과 > 무화과나무속)

벤자민 품종 중 하나로, 돌돌 말린 잎의 독특한 형태가 공간을 화려하게 연출해준다.

개성 있는 그린 식물을 위한 편애 코너

에어플랜트나 다육식물은 물을 적게 주는 등 키우는 방법이 다양합니다. 카테고리별로 식물의 특성에 맞춰 키워 봅시다.

꾸준히 사랑받는 관엽식물과는 또 다른 매력을 지닌 식물로, 인테리어의 조연이 아닌 주연 역할을 합니다. 메이저 품종부터 희귀 품종까지 종류가 다양하며, 수집가들이 생겨날 만큼 매력적인 세계입니다. 장르별로 편애가 담긴 코너를 소개합니다.

에어플랜트

흙이 없어도 자라는 신기한 식물로, 공중에 매달려 성장한다는 뜻에서 '에어플랜트'라고 합니다. 정식 명칭은 '틸란드시아'입니다.

PLANT MEMO

아래는 모두 파인애플과 > 틸란드시아속

❶ 틸란드시아 세로그라피카-
단단한 질감의 은빛 잎사귀가 곱슬곱슬한 아름다운 모습. '틸란드시아의 왕'으로 불린다.

❷ 틸란드시아 발비시아나
(스키에데아나 / 준세아)
3종류의 틸란드시아를 나무껍질에 착생시킨 사례. 붉은 꽃이 핀 종은 발비시아나.

❸ 틸란드시아 우스네오이데스
'스페인 이끼(Spanish moss)'라는 별명으로 불리며, 부드러운 은빛 잎이 길게 늘어진다.

❹ 틸란드시아 세쿤다
잎은 은빛이 감도는 색을 띠며, 성장하면 잎이 두툼하고 단단해진다.

❺ 틸란드시아 이오난사 드르이드
수많은 이오난사 품종 중 하나로, 꽃대 피기 전에 잎이 황금빛으로 물든다.

❻ 틸란드시아 듀라티
길쭉한 잎이 곱슬곱슬하게 말려 있어 매력적이다. 자연에서도 나무에 잎을 감으며 자란다.

A: 놓아서 장식하는 방법 외에, 가구나 파티션에 매달아 장식하는 방법도 있다.
B: 스테인드글라스 작가 니시토미 나쓰키(西富なつき)의 작품. 통기성이 우수한 펀칭 패널에 에어플랜트를 착생시킨 것.
C: 부케 스탠드에 매달아 연출한 사례.

"

테라리움

유리 용기에 습한 환경을 좋아하는 식물을 모아 하나의 작은 세계를 연출하는 방법으로, '팔루다리움'이라고도 합니다. 물이 마르지 않도록 주의합니다.

A: 메인 식물을 중심으로 보조 역할인 고사리류와 이끼류를 배치하는 것이 테라리움의 기본 스타일. B: 용기 안에 꽃이 피는 것을 보는 즐거움도 누릴 수 있다. C: 테라리움용 조명 스탠드를 이용해 식물이 자라는 데 필요한 빛을 비춰 준다.

비자르 플랜츠

비자르 플랜츠(Bizarre Plants)는 볼수록 매력에 빠져들게 하는 희귀 식물이다. 괴근식물과 다육 식물을 포함해 잎과 줄기의 형태가 독특한 식물을 총칭하는 말로, 정식 분류명은 아닙니다.

투박한 분위기를 가진 비자르 플랜츠는 차분한 무기질 감성의 인테리어 공간에도 어울립니다. 화분의 색조를 공간의 분위기와 맞추는 것도 중요한 포인트입니다. 빛이 잘 닿지 않는 구석진 어두운 공간에는 LED 보조 조명으로 생기를 불어넣어 주세요.

PLANT MEMO

❶ 아가베 쉬디게라

(비짜루과 > 용설란속)

수백 종 이상의 아가베 품종 중 하나로, 잎의 흰색 테두리와 흰 수염이 특징이다.

❷ 산세비에리아 사무라이 드워프

(용설란과 > 산세비에리아속)

소형 아가베로, 겹겹이 쌓인 두툼한 잎이 칼날처럼 날카롭다.

❸ 파키포디움 칵티패스 (협죽도과 > 파키포디움 속)

묵직한 느낌의 굵고 둥근 괴근이 특징이며, 선인장처럼 가시도 나 있다.

❹ 구갑룡 (마과 > 디오스코레아속)

거북의 등껍질을 닮은 괴근에서 덩굴을 뻗어내며 잎을 펼친다.

❺ 아가베 빅토리아 레지나 (비짜루과 > 용설란속)

잎 가장자리의 흰 선이 마치 조릿대 위에 눈이 쌓인 듯한 모습을 연상시킨다.

❻ 아데니움 아라비쿰 (협죽도과 > 아데니움속)

둥근 괴근에서 가느다란 가지와 함께 둥글고 작은 잎들이 퍼져 나오는 독특한 형태의 식물이다.

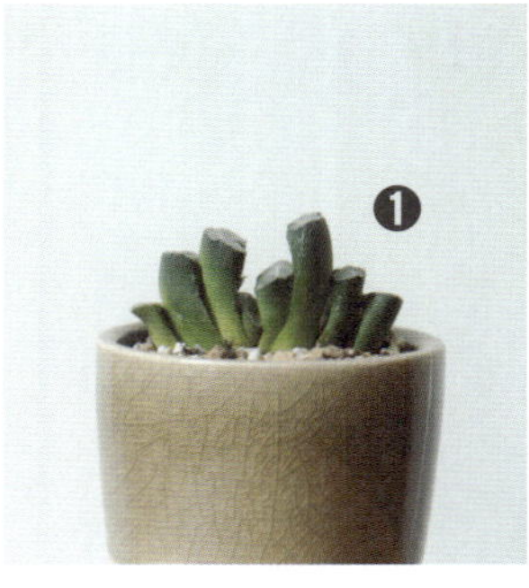

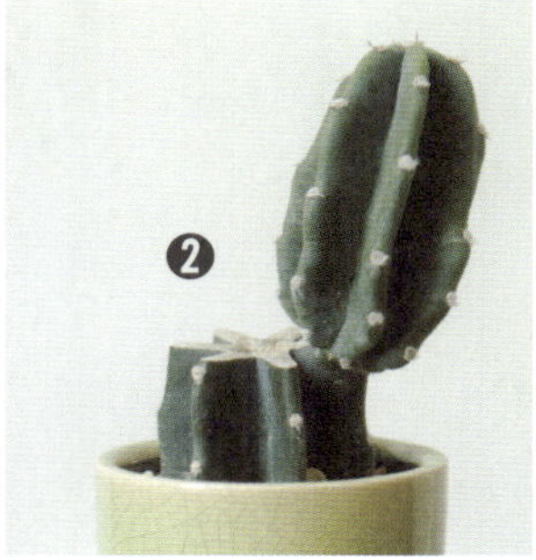

다육식물

놓아두기만 해도 한 폭의 그림이 되는 다육식물들. 작고 아기자기한 화분에 담겨 있어, 선반 위에 올려 두기만 해도 공간이 한층 더 밝아집니다.

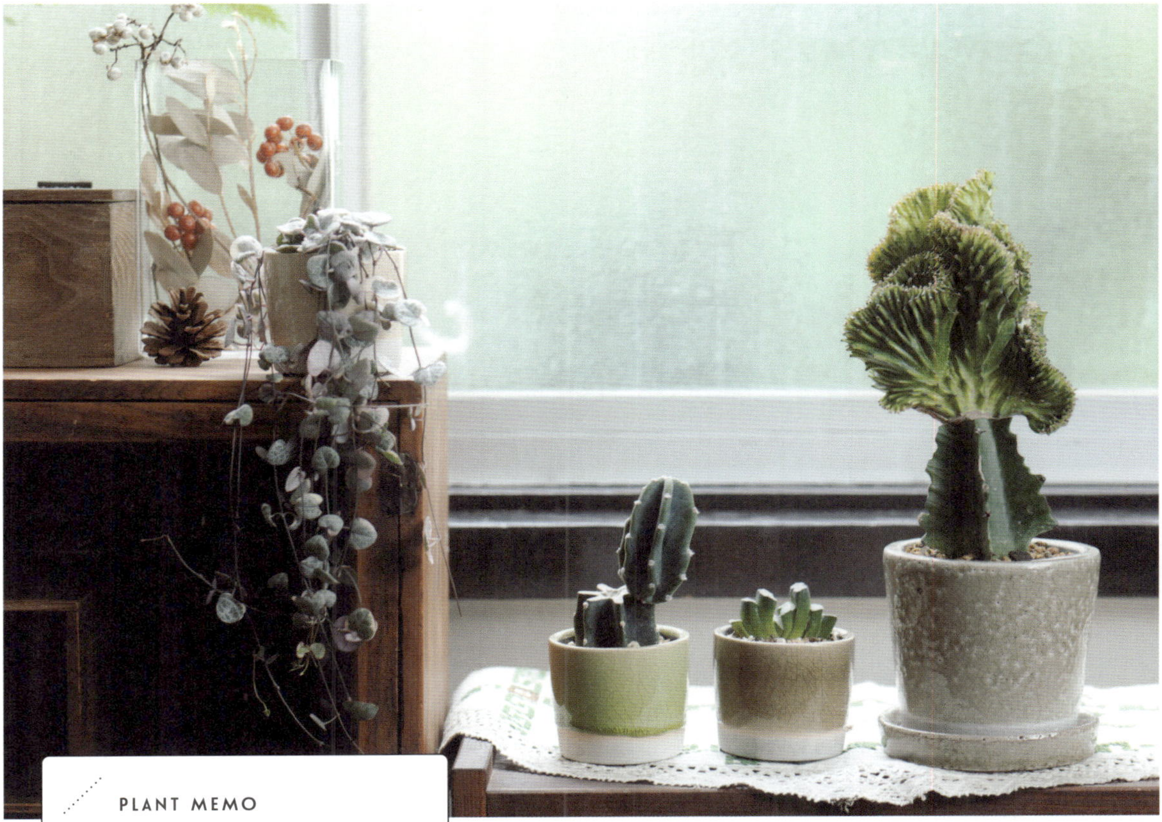

PLANT MEMO

❶ 하월시아 (아스포델루스과 > 하월시아속)

평평한 잎이 부채 모양으로 펼쳐져 있다. 하월시아는 품종이 다양한데, 사진 속 식물은 그중 하나인 '하월시아 옥선'이다.

❷ 선인장 (선인장과 > 선인장속)

선인장 품종 중 '귀면각'으로, 가시가 없다. 사진은 몸통이 절단되어 안쪽에서 새끼 그루가 나와 있다.

❸ 유포르비아 락테아 마하라자

(대극과 > 유포르비아속)

'마하라자'라는 이름으로 일본에서 유통되며, 접목 후 철화 현상이 나타나 새순이 부채꼴 형태로 퍼지며 자란다.

❹ 러브체인 (협죽도과, 박주가리과)

하트모양의 잎이 촘촘하게 달리는 덩굴성 다육식물로, 자주색 꽃이 핀다.

미니 화분에 담긴 귀여운 다육식물부터 개성이 넘치는 품종들까지 다양합니다. 빛을 좋아하는 다육식물은 밝은 창가에 두고 키우는 것이 좋습니다. 따뜻한 분위기의 엔틱 가구와도 자연스럽게 조화를 이룹니다.

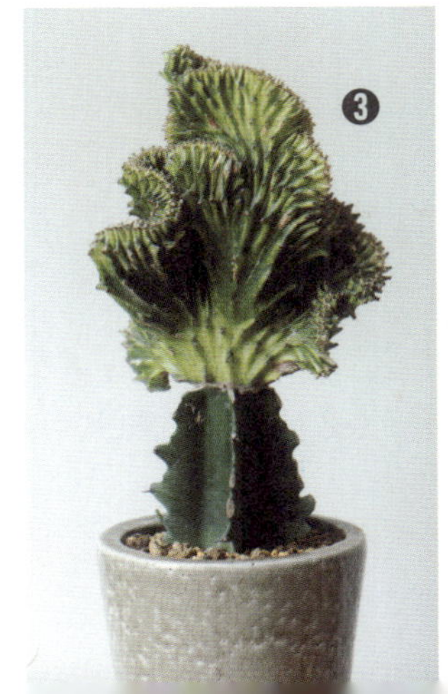

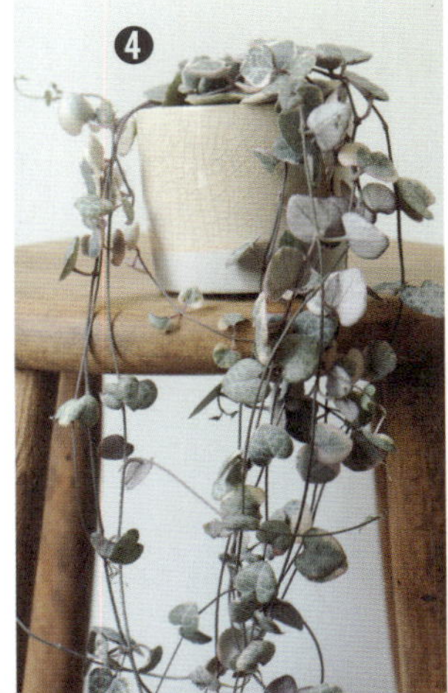

❶~❻ 박쥐란

→ 식물 정보는 P147 참조

박쥐란 품종 중 ① ③ 퓨찬, ② 알시콘. ④ 타이푼 ⑤ 베이치 그린 ⑥ 베이치 레모네이

❼ 덴드로비움 엉펑

(난초과 > 덴드로비움속)

타원형의 귀여운 잎을 가진 착생란으로, 동남아시아를 중심으로 분포한다. 꽃은 노란색.

❽ 막시라리아 포르피로스텔레

(난초과 > 막실라리아속)

중미에서 남미 북부에 걸쳐 분포하는 착생란으로, 꽃에서는 향수처럼 달콤한 향기가 난다.

착생식물

착생식물은 나무줄기나 바위 위에 뿌리를 내리며 자랍니다. 독특한 존재감 덕분에 하나만 두어도, 여러 개를 함께 놓아도 특별한 인테리어를 연출할 수 있습니다.

A: 다양한 품종의 박쥐란으로 꾸민 벽면 컬렉션.

B: 스테인드글라스 작가 니시토미 나쓰키의 작품. 투명 유리 프레임이 착생란의 매력을 돋보이게 한다.

본문 게재 상품 제조업체 및 회사명 리스트

OAT 아그리오(Agrio) 주식회사	https://www.oat-agrio.co.jp/
캐비노체 주식회사	https://sustee.jp/
주식회사 그린포트(GREEN POT) 무역부	https://www.greenpot.co.jp/
주식회사 JOURO	https://www.stemn.jp/
스미토모화학원예 주식회사	https://www.sc-engei.co.jp/
다나카 도자기 주식회사	https://www.tanakatouki.com/
DULTON	https://www.dulton.jp
Niwaki	https://www.niwaki.co.jp/
주식회사 바지(BARGE)	https://www.rakuten.ne.jp/gold/barge-ec/
PLUS the green	https://www.poshliving.net/plusthegreen
주식회사 풀루플라	https://www.furupla.co.jp/
HAWS (Maystorm)	https://maystorm.jp
야마토 플라스틱 주식회사	https://www.yamato-plastic.co.jp/
주식회사 YARD (GREEN STUDIO)	https://www.yard-inc.com/

◎ 촬영 협조

WELLINGTON (교토 앤티크 가구 전문점)	https://www.wellington-antique.com/	P150~153
카린 (헤어메이크업, 기모노 대여 살롱)	https://karin-m.com/	P154~155
주식회사 클레이(CLAY) (플라워 베이스와 화분 커버 브랜드)	https://clay.co.jp/	P152~153
니시토미 나쓰키 (스테인드글라스 작가)	instagram @scape_glass	P154, 158